# GB/T 34419—2017
# 《城市社区多功能公共运动场配置要求》国家标准应用指南

全国体育标准化技术委员会设施设备分技术委员会
北京华安联合认证检测中心有限公司 编著

中国质检出版社
中国标准出版社
北京

**图书在版编目(CIP)数据**

GB/T 34419—2017《城市社区多功能公共运动场配置要求》国家标准应用指南/全国体育标准化技术委员会设施设备分技术委员会,北京华安联合认证检测中心有限公司编著.—北京:中国标准出版社,2019.1

ISBN 978-7-5066-9184-0

Ⅰ.①G… Ⅱ.①全…②北… Ⅲ.①体育场—社区服务—公共服务—国家标准—中国—指南 Ⅳ.①G818-65

中国版本图书馆 CIP 数据核字(2018)第 286145 号

中国质检出版社
中国标准出版社 出版发行

北京市朝阳区和平里西街甲 2 号(100029)

北京市西城区三里河北街 16 号(100045)

网址 www.spc.net.cn

总编室:(010)68533533 发行中心:(010)51780238

读者服务部:(010)68523946

中国标准出版社秦皇岛印刷厂印刷

各地新华书店经销

*

开本 787×1092 1/16 印张 7 字数 168 千字

2019 年 1 月第一版 2019 年 1 月第一次印刷

*

定价 75.00 元

# 编撰委员会

主　编：赵爱国　刘海鹏

编　委：王燕京　赵英魁　孙书伟　王晓阳　郭　寒
张家祥　郝虎山　郑国良　陈坤章　李艺仁
吴万鹏　张熔轩　李宇辰　于惊鸿　付　晋
葛泠悦　龙　荣　付嘉裕

# 言

，群众对健身的关注
2016 年，国务院印发
建“15 分钟健身圈”的
将是群众健身产业
正好满足群众身边
在于空间需求小、
个或多个多功能
活性强。常见的多
球十羽毛球”“足球

共运动场地配建，
北京华安联合认
7《城市社区多功
0 月 14 日正式
员会设施设备
有助于提高城
同时，标准的
施的标准空白
开展标准宣
推动标准的
程中的指导作
京华安联合
城市社区多

以及标
景以及
运动场配
示例等方
体育项目
定规则进
式，对城市
能遇到的问
录包括体育
市、自治区
产
动场配置要

编著者

2018 年 8 月

# 目　录

## 广告明细

# 第一章
# 绪论

## 一、标准编制的背景

### （一）体育行业政策支持

近年来，随着经济社会的快速发展和人民生活水平的不断提高，全民健身活动蓬勃开展，体育健身已融入群众日常生活。国家相继颁布实施了一系列政策和指南，用于规划指导全民健身活动中心、农民体育健身工程、健身路径、多功能公共运动场等健身场地设施的建设。2014年，国务院印发了《关于加快发展体育产业促进体育消费的若干意见》（国发[2014]46号）（以下简称《意见》），《意见》将全民健身上升为国家战略，同时指出："各级政府要结合城镇化发展统筹规划体育设施建设，合理布点布局，重点建设一批便民利民的中小型体育场馆、公众健身活动中心、户外多功能球场、健身步道等场地设施"。随着《意见》的印发，我国全民健身事业得到了快速发展。

2016年，国务院印发的《全民健身计划（2016—2020年）》（以下简称《计划》）提出"按照配置均衡、规模适当、方便实用、安全合理的原则，科学规划和统筹建设全民健身场地设施。推动公共体育设施建设，着力构建县（市、区）、乡镇（街道）、行政村（社区）三级群众身边的全民健身设施网络和城市社区15分钟健身圈"。随后，《体育产业发展"十三五"规划》《"健康中国2030"规划纲要》等文件的相继发布，掀起全民健身热潮。

2017年，全国群众体育工作电视电话会议和全国省级群体干部培训班上，国家体育总局苟仲文局长与时任赵勇副局长共同提到群众体育要把握与实施"六边工程"，即：第一，完善群众身边的体育健身组织；第二，建设群众身边的体育健身设施；第三，丰富群众身边的体育健身活动；第四，支持群众身边的体育健身赛事；第五，加强群众身边的体育健身指导；第六，弘扬群众身边的体育健身文化。"六边工程"的提出落实了《"健康中国2030"规划纲要》和《全民健身计划（2016—2020年）》，使全民健身工作更加贴近群众。

目前，我国改革发展已经进入了新时代，我国社会主要矛盾已经转化为人民日益增长的美好生活需要和不平衡、不充分发展之间的矛盾。面对我国公共体育健身设施总体供给不足，结构不尽合理，与人民群众日益增长的健身需求之间存在矛盾等问题，如何更好地简政放权、放管结合、优化服务，推动全民健身设施建设与管理，成为摆在各级体育行政主管部门面前的关键问题。因此，加强全民健身设施建设与管理的标准化程度，加快供给全民健身设施政府标准，不断满足人民群众日益增长的体育健身需求，成为各级政府履行公共体育服务职能，优化服务供给的重要内容与有效抓手。

### （二）实际问题

近年来，国家体育总局联合地方体育局、群众社团和企业等多方面力量大力发展公共体育运动产业，不断新建篮球场、足球场、乒乓球台等单项体育健身设施，但随着时间的推移，出现了两大问题：第一，城市高速发展，用地空间不断减少，土地成本不断增加，几种不同形式的体育类型需要不同的场地，从而用地面积较大，不利于以后推广城市体育健身事业；第二，居民对体育健身类型需求不断增长，居民更乐于追求更新鲜的体育项目，而更多的体育项目在中国也不断地由冷门逐步走向热门，如门球、棒球、滑轮等，所以对场地的要求越来越高。

### （三）解决办法

为解决体育场地设施发展中两大问题，完善“全民健身工程”的建设模式，更好地满足不同人群尤其是青少年的体育需求，国家体育总局于 2008 年提出并启动多功能运动场建设。建设类型包括笼式足球、笼式篮球、笼式复合场地（见图 1-1-1）、笼式排球、极限运动（轮滑、滑板）、乒乓球长廊、篮球长廊、全民健身路径、健身步道等。其后几年，多功能公共运动场在全国各地广泛建设，为群众健身提供了近在身边、舒适方便的健身场所。

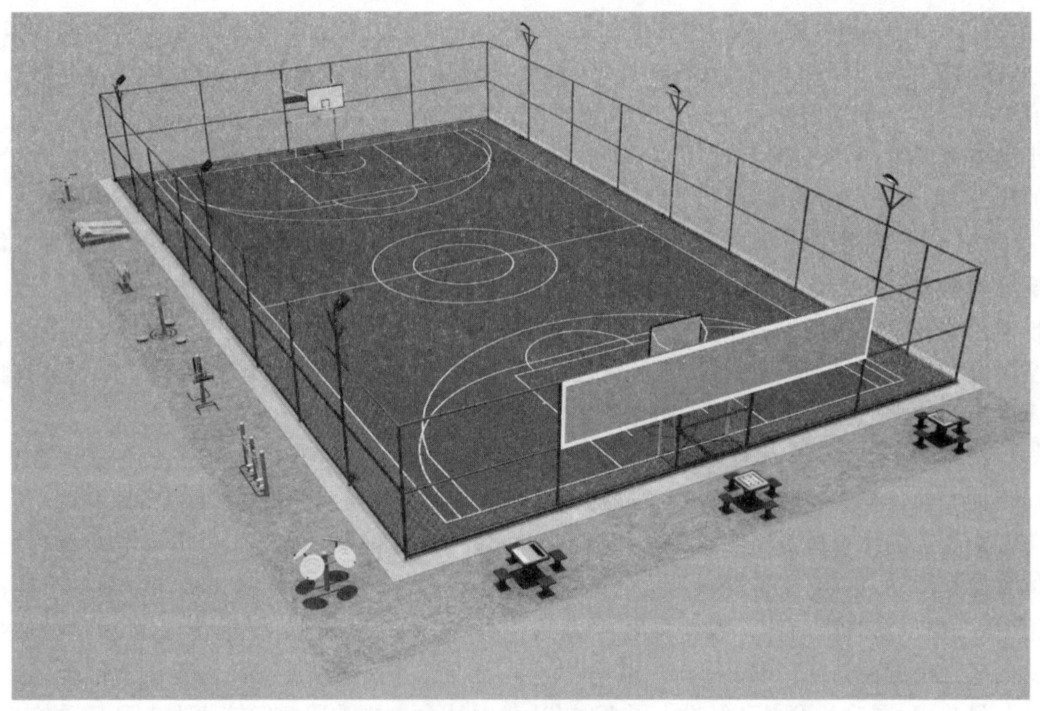

图 1-1-1 笼式复合场地

## 二、标准作用与意义

2016 年，国务院办公厅印发的《全民健身计划（2016—2020 年）》提出：“出台全国全民健身公共服务体系建设指导标准，鼓励各地结合实际制定全民健身公共服务体系建设地方标准，推进全民健身基本公共服务均等化、标准化”。2015 年，国务院办公厅《关于印发国家标准化体系建设发展规划（2016—2020 年）的通知》也指出：“加强公共体育服务、体育竞赛、全民健身、体育场馆设施以及国民体质监测等标准的研制与应用，重点推动体育产业标准化工作的开展，加快体育项目经营活动、竞赛表演业、健身娱乐业、中介活动、体育用品、信息产业等标准的制修订工作。

标准化工作在保障质量安全、推动供给侧结构性改革、促进生态文明、加快国家治理现代化等方面发挥着不可替代的重要作用。近年来，标准化越来越多地服务于党和国家中心工作。一些部门通过标准制定、宣贯实施与监督工作，支撑了国家经济转型升级，保障和改善了民生，促进了生态文明建设，推动了国家供给侧结构性改革。近年来，标准化战略已经逐渐应用至体育领域的诸多方面。全国体育标准化技术委员会和全国体育用品标准化技术委员会多年来累计制定了体育服务、体育设施设备、体育器材用品等领域的国家标准、行业标准近百项。

"十二五""十三五"期间，一系列推进全民健身中心、农民体育健身工程、县级公共体育场、体育公园、户外营地、多功能运动场等健身场地设施建设的政策文件陆续印发。各地规划、建设和运营管理的全民健身设施日益增多。从技术角度对这些全民健身场地设施的规划、建设、施工、验收、运营与管理提出了一系列基本要求，有助于保障全民健身设施建设和管理水平的标准化和规范化。对国家层面尽快推出更为系统全面的健身场地设施项目建设管理技术规范和标准的需求日益明显。因此，自 2014 年起，国家体育总局群众体育司根据工作需要选择了全民健身活动中心、多功能公共运动场、农民体育健身工程、体育公园、健身广场、城市健身步道、登山健身步道等 12 个领域，进行立项研究，组织专门力量起草了全民健身场地设施项目建设管理技术规范。其中，还会同国家体育总局体育经济司向国家标准化管理委员会立项了包括《城市社区多功能公共运动场配置要求》在内的三项健身设施国家标准项目。经过多年努力，该标准按照《国家标准管理办法》(国家技术监督局第 10 号令)的要求，历经起草、征求意见、审查、报批、批准等阶段，最终发布。

城市社区多功能公共运动场可根据土地和群众需求设置，可大可小，灵活多样，具有经济实用，建设投资少，管理成本低，并利于形成景观、改善社区环境、提升社区品味的优点，因此广受群众喜爱。据不完全统计，全国各地已建和正在建设的多功能运动场数以千计。

虽然城市社区多功能公共运动场在不断建设，功能在不断增加，但对其建设的要求还不完善。为了进一步加强多功能场地管理，规范多功能场地建设要求，本标准的编制将为城市社区多功能公共运动场提供保障性文件，使其更好地服务社区居民。

## 三、工作简况

### (一) 任务来源

根据国家标准化管理委员会下达的 2014 年国家标准制修订计划，《城市社区多功能公共运动场配置要求》项目编号为:20141457-T-451。

### (二) 主要起草单位及分工安排

本标准由国家体育总局提出，全国体育标准化技术委员会设施设备分技术委员会归口，主要起草单位包括:南京万德体育产业集团有限公司、武汉昊康健身器材有限公司、北京华安联合认证检测中心有限公司、山西澳瑞特健康产业股份有限公司、深圳市好家庭实业有限公司、舒华股份有限公司、青岛英派斯健康科技股份有限公司、北京泛华新兴体育产业股份有限公司、华体集团有限公司。在国家体育总局群众体育司指导下，华体集团有限公司和北京华安联合认证检测中心有限公司作为执笔单位，负责标准制定的具体组织工作,其他各单位为标准的制定提供了大量的数据和理论支持。

**(三)主要工作过程**

2014年5月,在国家体育总局群众体育司指导下,主要执笔单位华体集团有限公司和北京华安联合认证检测中心有限公司立即组建标准起草组,集中技术人员开始收集、整理近年来国家、地方体育行业主管部门规划、指导、资助社区多功能运动场的相关政策文件、场地信息;检索了与多功能运动场有关的文献、技术标准;对标准化对象的特点进行了分析,整理并研究了国外社区公共体育设施的相关技术标准和文件,确定了标准结构,于2014年8月底形成了工作组讨论稿初稿。

2014年8月,起草组结合国家体育总局全民健身活动中心和户外健身场地的全国调研评估工作,开始对全国各城市多功能公共运动场进行调研,先后实地考察了福建、山西的多功能运动场建设、管理情况,收集了大量信息,基本了解了标准化对象的客观状况和各省的发展趋势。并于2015年1月完成标准工作组讨论稿。

2015年1月21日～22日,全国体育标准化技术委员会设施设备分会秘书处受国家体育总局群众体育司的委托,在湖北省武汉市组织召开了《全民健身活动中心分类配置要求》《全民健身活动中心管理服务要求》《城市社区多功能公共运动场配置要求》3项国家标准工作组讨论稿的讨论会。来自国家体育总局群众体育司健身设施处、北京体育大学、华中师范大学、中国地质大学、黄冈师范学院、湖北省体育局、上海市体育局、重庆市体育局、华体集团有限公司、北京华安联合认证检测中心有限公司、武汉昊康健身器材有限公司、青岛英派斯健康科技股份有限公司、山西澳瑞特健康产业股份有限公司、舒华股份有限公司、深圳市好家庭实业有限公司等单位的31名专家代表参与了讨论会。会议对标准框架结构、若干标准之间的内容协调组成、标准侧重内容要求提出了重要的意见和建议。

2015年1月～12月,起草组结合1月底讨论会意见,针对多功能公共运动场的定义、标准框架结构、技术性能指标等进行深入学习和讨论,对标准文本内容进一步修改,于12月完成标准征求意见稿。

2015年12月24日,全国体育标准化技术委员会设施设备分技术委员会发出《关于对〈城市社区多功能公共运动场配置要求〉国家标准征求意见的函》(体设施标字[2015]15号),历时2个月进行书面征求意见工作。征求意见材料发放至企事业单位90余家,包括体育标委会设施设备分会委员、体育行业管理、场地设计、建造商、高等院校、科研单位及检验机构等。

2016年1月,全国体育标准化技术委员会设施设备分技术委员会在山西省长治市组织召开了标准征求意见会。

2016年4月,起草组在南京市溧水区组织召开了起草组讨论会,对回复的意见集中进行讨论处理,完成意见汇总处理表。

2016年7月,根据专家提出的修改意见,对标准征求意见稿进行梳理和修改,形成送审稿及相关材料,于7月6日～9月5日向全体委员发出函审通知,组织标准函审。函审共收到回函48份,其中赞成无意见的38份,赞成并有意见和建议的9份,有建议未采纳从而不赞成的1份。

2016年9月15日～10月31日,对函审意见进行处理,修改完成了标准报批稿。

## 四、编制原则、主要内容和依据

### （一）编制原则

本标准的编制以先进性、科学性和适用性为基本原则。本标准的起草充分研究、分析了国内外体育健身、休闲设施标准和技术文献的内容，将国内外先进的规划、设计理念和面层技术要求引入到标准技术内容中，体现了标准的先进性。同时，本标准是在广泛的文献检索、实地调研、征求各方（体育行业管理、场地建造、材料供应、大学院校、群众体育科研、场地材料检验、场地使用者等）意见和建议的基础上对技术内容予以确定，兼顾了国家政策要求、国内多功能运动场的实际建设情况，以及运动性能和运动保护性能要求，提出了更全面、科学、明确的技术指标和要求。本标准内容涵盖不同运动面层、不同运动项目、不同场地面积的各种运动场地组合形式，适用于各类群众健身、休闲用多功能运动场的设计、建设和验收，具有广泛的适用性。同时，本标准的编制符合 GB/T 1.1—2009《标准化工作导则　第 1 部分：标准的结构和编写》提出的编写规则。

### （二）主要内容

GB/T 34419—2017《城市社区多功能公共运动场配置要求》规定了城市社区多功能公共运动场术语和定义、总则、场地系统、体育项目器材、围网设施、照明设施、标识系统、其他设施和检验方法及判定规则。

本标准适用于建于城市社区的室外合成面层健身运动场，其他健身用运动场可参照执行。

### （三）编制依据

本标准在编制中参考了大量国内政策性文件以及国内、国外标准和技术性文件。政策性文件包括 2008 年国家体育总局印发的《全民健身户外活动基地命名资助办法（试行）》的通知（体群字[2008]97 号）、2011 年国家体育总局群体司印发的《〈全民健身计划（2011—2015 年）〉体育健身设施建设指南》、地方体育行政管理部门相关政策措施文件。

本标准参考的技术标准和文件资料包括以下几方面：

（1）GB 50180《城市居住区规划设计规范》《城市社区体育设施建设用地指标》（建标[2005]156 号），主要参考其中城市社区、居住区的体育设施用地指标要求，用于确定本标准城市社区多功能场地的定义和规模；

（2）GB/T 10001.1《公共信息图形符号　第 1 部分：通用符号》、GB/T 10001.2《标志用公共信息图形符号　第 2 部分：旅游休闲符号》、GB/T 10001.4《标志用公共信息图形符号　第 4 部分：运动健身符号》3 项标识标准；

（3）JGJ 31《体育建筑设计规范》、JG/T 191《城市社区体育设施技术要求》，主要参考其对场地规格尺寸，特别是场地缓冲区的要求和器材配置安装要求；

（4）GB/T 20033《人工材料体育场地使用要求及检验方法》、GB/T 22517《体育场地使用要求及检验方法》、GB/T 20394《体育用人造草》等体育设施标准，主要参考了网球场地、田径场地、足球场地及人造草坪材料要求、场地性能要求；

（5）欧洲标准化委员会批准发布的体育场地面层要求及检测相关标准：EN 14904—

2006 Surfaces for sports areas—Indoor surfaces for multi-sports use—Specification(体育场地面层—室内多项目用运动场地—要求)、EN 14877—2013 Synthetic surfaces for outdoor sports areas—Specification(室外体育场地合成面层—要求)、EN 15330—2013 Surfaces for sports areas—Synthetic turf and needle—punched surfaces primarily designed for outdoor use—Part 1:Specification for synthetic turf surfaces for football, hockey, rugby union training, tennis and multi-sports use》(体育场地面层—室外人造草坪、针刺材料面层 第1部分:足球、曲棍球、橄榄球训练、网球及多项目用人造草坪—要求),主要参考标准对运动场地面层,尤其是多用途场地面层的性能要求;EN 13036.4 Road and airfield surface characteristics—Test methods—Part 4: Method for measurement of slip/skid resistance of a surface: The pendulum test(道路和机场表面特性—试验方法 第4部分:表面滑动/抗滑测量方法 摆锤法试验),EN 14808 Surfaces for sports areas—Determination of shock absorption(体育场地面层—冲击吸收的测定)等测试方法标准等;

(6) FIFA Quality Concept—Handbook of Requirements for Football Turf(FIFA, 2012)(2012版国际足联人造草质量概论—足球草坪技术要求手册)、Official Basketball Rules 2012—Basketball Equipment(FIBA,2012)(2012版国际篮球运动联合会竞赛规则—篮球设备),主要参考对人造草坪足球场地、合成面层篮球场地的材料、面层要求;

(7) Sport England(英国体育理事会)出版的体育场地设计、建造系列丛书,主要参考社区体育设施因地制宜、多项目使用组合布局的先进理念。

# 第二章

# GB/T 34419—2017《城市社区多功能公共运动场配置要求》条文释义

## 一、范围

**【标准条文】**

> 1 范围
>
> 本标准规定了城市社区多功能公共运动场(以下简称“运动场”)的总则、场地系统、体育项目器材、围网设施、照明设施、标识系统、其他设施的配置要求、检验方法及判定规则。
>
> 本标准适用于室外合成面层多功能公共运动场。其他健身用运动场可参照执行。

**【条文释义】**

本标准主要规定了城市社区多功能运动场总则、场地系统、体育项目器材、围网设施、照明设施、标识系统、其他设施的配置要求、检验方法及判定规则八个部分。

本标准适用于室外合成面层多功能公共运动场。其他健身用运动场可参照执行。

总则:从场地选址、体育项目设置和场地维护管理三个方面对城市社区多功能公共运动场场地建设及运营维护的基本要求进行规定。

场地系统:即场地建设时应考虑的场地朝向及外观、规格尺寸、面层要求及场地性能等方面做出具体规定。

体育项目器材:对城市社区多功能公共运动场地中体育项目器材的配置、安装和存放进行规定。

围网设施:为了保障运动人员安全,同时也方便对场地进行维护管理,主要对不同项目场地围网的强度、高度、出入口设置等方面做出基本要求规定。

照明设施:对场地照明的布灯方式、灯杆高度、水平照度、水平照度均匀度、安全防护、节能等方面的基本要求进行规定。

标识系统:对城市社区多功能公共运动场应具备的基本标志、标识进行规定。

其他设施的配置要求:对除城市社区多功能公共运动场外的为运动人员提供便利的其他设施要求进行规定。

检验方法及判定规则:即给出城市社区多功能公共运动场验收、检验和评价的具体方法。

本标准旨在指导各地因地制宜地建设城市社区多功能公共运动场,提供不同项目组合的城市社区多功能公共运动场建设中所需要配建的体育场地设施和附属设施的选择方案,提出城市社区多功能公共运动场的基本硬件设施要求以及检验评价措施。

## 二、规范性引用文件

2　规范性引用文件

下列文件对于本文件的应用是必不可少的。凡是注日期的引用文件，仅注日期的版本适用于本文件。凡是不注日期的引用文件，其最新版本（包括所有的修改单）适用于本文件。

GB/T 10001.1　公共信息图形符号　第1部分：通用符号

GB/T 14833　合成材料跑道面层

GB/T 19995.2　天然材料体育场地使用要求及检验方法　第2部分：综合体育场馆木地板场地

GB/T 20033.2—2005　人工材料体育场地使用要求及检验方法　第2部分：网球场地

GB/T 20033.3　人工材料体育场地使用要求及检验方法　第3部分：足球场地人造草面层

GB/T 20394—2013　体育用人造草

GB/T 23176—2008　篮球架

GB 50763　无障碍设计规范

JGJ 153　体育场馆照明设计及检测标准

JG/T 191—2006　城市社区体育设施技术要求

QB/T 2758.1—2005　羽毛球网

QB/T 2758.2—2005　羽毛球网柱

QB/T 4290—2012　排球柱和网

QB/T 4291—2012　足球门柱和网

本章列出了GB/T 34419—2017《城市社区多功能公共运动场配置要求》规范性引用文件共14项。凡是注日期的引用文件，仅注日期的版本适用于本文件。凡是不注日期的引用文件，其最新版本（包括所有的修改单）适用于本文件。

## 三、术语和定义

**【标准条文】**

3　术语和定义

下列术语和定义适用于本文件。

3.1

**城市社区　city community**

街道办事处辖区，经过社区体制改革后做了规模调整的居民委员会辖区，或城市规划中确定的有一定数量城市居民聚居的区域。

［JG/T 191—2006，定义3.1］

3.2

**多功能公共运动场　multi-sports public playground**

满足两种或两种以上体育项目转换使用，向公众开放的公益性体育活动场地设施。一般由单片运动场地、体育器材、围网设施、照明系统、标识系统共同组成。

注：多功能公共运动场一般以球类项目场地为主，也可用于其他健身活动。

**【条文释义】**

1. 城市社区是指在城市中具有一定的规模、有独立的服务设施、有一定的行为规范和组织管理系统，以维护社区生活的正常秩序、同时具有一定数量的居民共同生活且对此产生感情与归属感的一片区域，一般以街道委员会的管辖范围为单位。对于大型社区宜建设独立的多功能公共运动场，中小型社区可以 2～3 个社区建设一片多功能公共运动场地，具体情况应围绕“打造城市社区 15 分钟健身圈”的中心思想建设。
2. 本文中多功能公共运动场是指具有一定综合性能，可以进行 2 项或 2 项以上的体育项目转换使用，对公众公益性开放，且包含场地、体育器材、围网设施、照明系统和标识系统的运动场地。多功能公共运动场地建设时可根据运动人群特点，合理规划场地项目，如老年人居多的社区，可以考虑建造以门球、武术、太极拳等为主的多功能公共运动场。

城市社区多功能公共运动场设计示例和实景见图 2-3-1～图 2-3-3。

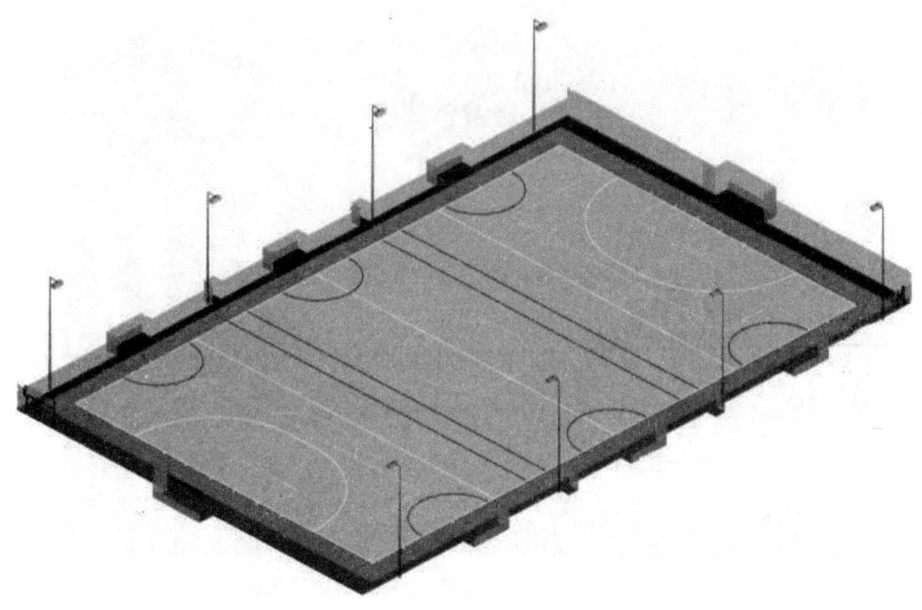

**图 2-3-1　城市社区多功能公共运动场设计示例一**

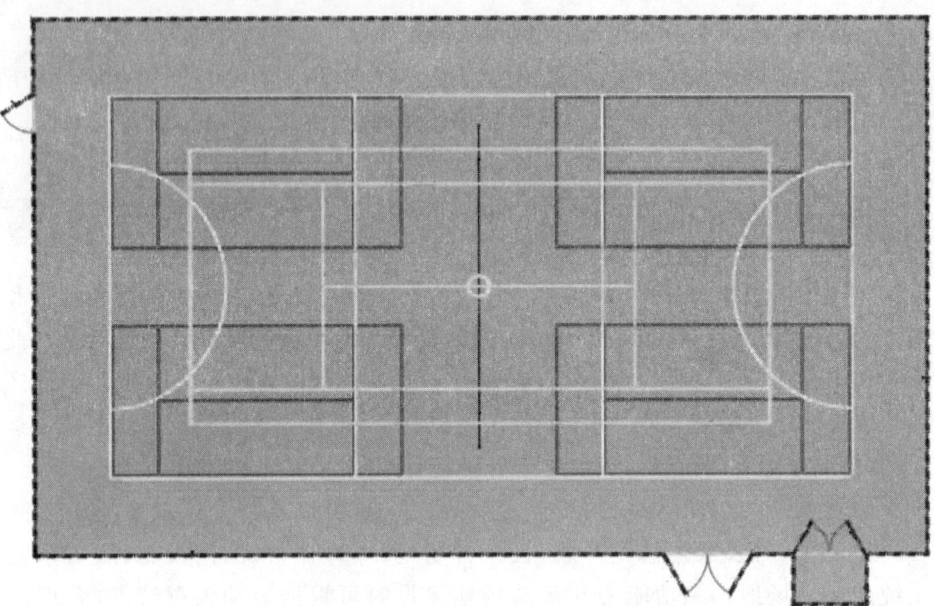

图 2-3-2 城市社区多功能公共运动场设计示例二

图 2-3-3 城市社区多功能公共运动场实景图

## 四、总则

【标准条文】

4　总则

4.1　基本原则

4.1.1　应与社区建设统一规划，合理布局。

4.1.2　规划建设应符合国家相关节能、节地、节水、节材和环境保护的要求。

4.1.3　选址应充分考虑社区所在地的地形，选择较为开阔、地面平坦的区域，不宜坡度过大。

4.1.4　应设置在社区居住和服务设施相对集中、交通相对便利的区域并远离高压、高温等危险设施。

4.1.5　应设计为应急避险场所。

4.1.6　无障碍设施应符合 GB 50763 的要求。

4.1.7　运动场的设置不应影响社区成员的正常生活，应采取措施降低噪声和照明对周围的影响。

4.1.8　宜以首选体育项目确定运动场的面积和数量。

【条文释义】

1. 规划设计时应该尽可能与周边社区融为一体，如建筑风格，颜色搭配，不宜表现得特别突兀。不仅能表现出社区建设一体化，也能让小区内突出一定的体育主题。

   选址布局方面，多功能公共运动场地尽可能离社区步行在 15 分钟内，响应《全民健身计划(2016—2020 年)》中提出的"构建县(市、区)、乡镇(街道)、行政村(社区)三级群众身边的全民健身设施网络和城市社区 15 分钟健身圈"任务。

2. 建设生态文明城市的总体战略，最大限度节能、节地、节水、节材和环境保护一直是我国所倡导和推广的，因此不管是施工方、业主方、使用方都应该本着节约的原则，更好地建设、使用和经营绿色多功能公共运动场。

3. 地形是影响运动场建设的重要因素，而运动场建设的优劣会影响运动性能和群众健身的体验感，故选址时，应充分考虑地形面积、地形容貌、与社区的距离等因素。现场感官检验下，选择的地形在一定面积内(根据运动场类型)须相对平整，不应有大面积凹凸，地形无较大坡度。

4. 多功能公共运动场应尽可能建设在社区集中、服务设施齐全、交通方便的区域，方便周边群众前来健身。同时，选址时应尽量避开高压电、高温设施等危险区域，因为一些体育项目对场地净高有要求，一般的高压布线达不到项目净空高度，群众运动时可能会引发触电危险。

   表 2-4-1 给出了一些常见运动训练场地的最小净空高度。

**表 2-4-1　常见运动训练场地最小净空高度**

| 项目 | 篮球 | 排球 | 羽毛球 | 网球 | 乒乓球 | 5人制足球 |
| --- | --- | --- | --- | --- | --- | --- |
| 高度/m | 7 | 7 | 7 | 8 | 4 | 6 |

**5.** 设置应急避难场所是应对突发公共事件的一项灾民安置措施，是现代化大城市用于民众躲避火灾、爆炸、洪水、地震、疫情、空袭等重大突发公共事件的安全避难场所，而对多功能运动场这种距离社区较近、较开阔的地区应成为应急避难场所的首选。一旦城市社区多功能运动场呈网络状铺设到各个地区，不仅仅服务更多群众，也肩负着其他功能，更具“多功能”特色。

GB 21734—2008《地震应急避难场所　场址及配套设施》中提到的避难场所安全性要求：

（1）应避开地震断裂带，洪涝、山体滑坡、泥石流等自然灾害易发生地段。

（2）应选择地势较为平坦空旷且地势略高，易于排水，适宜搭建帐篷的地形。

（3）应选择有毒气体储放地、易燃易爆物或核放射物储放地、高压输变电线路等设施对人身安全可能产生影响的范围之外。

（4）应选择在高层建筑物、高耸构筑物的垮塌范围距离之外。

（5）选择室内公共的场、馆、所作为地震应急避难场所或作为地震应急避难场所配套设施用房的，应达到当地抗震设防要求，并在地震发生后依照 GB 18208.2—2001《地震现场工作　第二部分：建筑物安全鉴定》进行建筑物的安全鉴定，鉴定合格后方可启用。

城市社区多功能公共运动场选址时应考虑上述要求中的前四点要求。

**6.** 城市社区多功能运动场作为公共场地应充分考虑残疾运动者，应符合 GB 50763《无障碍设计规范》的要求。例如，入口宽度不小于 1.5 m、入口若有高低差应设置平坡、设置无障碍标志等。

**7.** 运动场产生的光污染、声污染不得影响到周围居民的正常生活，建设城市社区多功能运动场的目的是为全民健身提供场地，以促进全民健康，若产生其他扰民现象则违背了建场地的初衷，如之前的“广场舞”等健身活动，引发很多不良的社会影响，这是我们所不提倡的，所以不具备隔音、降噪条件的地区应协调规划好与周围社区的距离、方向等，具备条件的地区，应设置一定隔音型或挡光性障碍物，减少此类型污染。

**【标准条文】**

**4.2　体育项目设置**

**4.2.1**　应充分考虑社区所在地的气候、人文和民族特点，选择设置当地群众喜爱的体育项目。

**4.2.2**　应将同时参与人数较多的体育项目设置为首选体育项目。

**4.2.3**　应与社区其他体育设施体育项目相协调，以满足社区不同年龄人员和残障人员的健身需求。

**4.2.4**　球类运动项目设置数量不宜多于 3 项。

【条文释义】

1. 由于各个城市与城市之间存在不同的气候和人文环境，所以应根据不同城市社区的健身活动人群、地域特点和人文特点来确定出适合当地的群众运动，如老年人较集中的社区，可建设以门球为主的多功能场地；年轻人较集中的社区，可设置以篮球、足球为主的多功能场地。也可协同当地居委会进行民意调查，由该社区群众投票选举出最喜爱的几项体育运动，从而更针对性地建设可开展相应体育项目的多功能公共运动场。
2. 如该社区已经设置相关的单项或多项运动场地，在新建城市社区多功能公共运动场时，应该考虑已设置运动项目的饱和度，有选择性地设置其他类型运动项目，丰富体育项目种类，为社区群众带来不同运动项目选择。

   如该社区已经有一片篮球场地，那么在新建多功能公共运动场时可首先考虑门球场，若该社区青少年较多，则首先考虑笼式足球场地。
3. 球类运动项目设置数不宜超过 3 项，因项目越多，划线越多，容易混淆。

【标准条文】

4.3 场地维护管理

4.3.1 配置的器材、设施应符合相关质量、安全标准要求。

4.3.2 场地、器材、附属设施均应建立登记、维护、使用管理制度。

4.3.3 应配备人员定期清洁、维护场地设施，及时对故障设施进行维修。

4.3.4 在醒目位置，应设立运动场安全须知、使用须知及其他公共标识。

4.3.5 开放时间每天应不少于 12 h(维修期间除外)。

【条文释义】

1. 城市社区多功能运动场可能涉及多项体育运动，足球、篮球、排球、门球等，应根据不同的体育项目而依据相应的标准，相关体育标准详见附录 5。
2. 城市社区多功能公共运动场应建立有效的管理制度，相关制度应包括但不限于以下内容：

   (1) 登记制度

   a) 登记场地、器材、附属设施来源；

   b) 登记场地、器材、附属设施建设时间；

   c) 登记场地、器材、附属设施的初始状态并保存照片。

   (2) 场地及器材维护制度

   a) 定期派专业人员对器材进行检查和维修，时间宜不超过 1 个月；

   b) 场地应留有维保电话和其他联系方式，以便健身者发现场地或器材损坏时及时报修；

   c) 当发现器材损坏时，维修人员至少在发现损坏的第二天到达场地对器材进行维修；

   d) 场地或器材超过使用寿命应及时更换。

   (3) 场地管理制度

   a) 场地清洁管理制度(清洁人员可为社区保洁)；

b）人为损坏场地、设施设备赔付制度；

c）场地、器材保护制度；

d）场地开放时间；

e）健身者使用场地、器材的要求。

**3.** 体育活动场地应在明显位置设置如下标识：

（1）入场须知；（如穿着、身体情况，年龄等）；

（2）场地开放信息（如场地功能介绍、开放时间等）；

（3）场地、器材使用说明；

（4）运动人员安全须知；

（5）场地建设管理信息（如维护管理单位、维保电话）。

**4.** 建设城市社区多功能公共运动场属于利国利民的民生工程，应对外免费或低收费开放。标准中给出多功能公共运动场每日对外开放 12 h，主要考虑到上班族和学生的工作日时间安排，保证他们在工作和学习之余能够找到运动场地运动健身，为全民健身提供保障。

## 五、场地系统

**【标准条文】**

5　场地系统

5.1　朝向及外观

5.1.1　如果条件允许，场地长轴应选取为南北方向。

5.1.2　场地面层与基础应粘接牢固，无断裂、起泡、起鼓、脱皮、分层或台阶式凹凸现象。

5.1.3　场地应颜色均匀，与体育项目所用球类颜色呈现反差。

**【条文释义】**

**1.** 运动场长轴方向一般为项目活动主要方向，若运动场长轴为东西向，由于太阳光线原因，上午阳光会直接照射面向东边运动员的眼睛，运动员不仅看不清前面的情况，而且也会损害眼睛，而面向西边的运动员也会由于来自建筑物的反向光造成目眩。在下午，情况则相反。这样势必会影响运动体验，因此场地长轴应尽量选取南北方向。当不能满足要求时，根据地理纬度和主导风向可略偏南北向，但不宜超过表 2-5-1 的规定。

表 2-5-1　运动场长轴允许偏差

| 北纬/(°) | 16～25 | 26～35 | 36～45 | 46～55 |
|---|---|---|---|---|
| 北偏东/(°) | 0 | 0 | 5 | 10 |
| 北偏西/(°) | 15 | 15 | 10 | 5 |

**2.** 运动场地出现断裂、起泡、起鼓、脱皮、分层或台阶式凹凸现象会大大降低运动场地的使

用寿命。轻则降低健身者运动体验，重则直接导致运动场报废。出现上述情况一般有以下两方面原因：

(1) 反射性裂缝

由于场地基础出现变形或断裂反射给面层，导致面层拉断从而产生裂缝。城市社区多功能公共运动场地基础一般为沥青或水泥混凝土。水泥混凝土是刚性材料，必须要预留伸缩缝或完工后切割伸缩缝；同时水泥混凝土基础在施工时采用分段浇铸，也会存在施工缝，伸缩缝和施工缝产生伸缩时会引起面层断裂。沥青混凝土基础无须预留伸缩缝，但随着沥青老化出现裂缝从而反射给面层。

(2) 面层铺设前未进行清洁

在水泥混凝土基础上铺设面层时一定要酸洗，因为水泥混凝土存在较多毛细孔，如果不对水泥混凝土表面进行酸洗工作，面层材料将无法与基础层形成真正的粘接，容易出现分层、起泡等现象。

酸洗的主要方式是用85%的工业磷酸和37%的盐酸与清水稀释，然后浇洒在水泥混凝土基础上充分腐蚀水泥表面，半个小时之后用清水冲洗整个场地。这时水泥基面会呈毛细孔且无杂物，增大了基面与丙烯酸地胶的接触面积，黏结力有效增强。

3. 运动场地面层颜色均匀，避免出现颜色深浅不一的情况。在面层铺设时，必须使用同一批材料。不同项目，室外场地可选颜色见表 2-5-2。

**表 2-5-2 常见室外场地面层颜色**

| 项目 | 颜色 |
|---|---|
| 篮球 | 蓝色、绿色 |
| 排球 | 蓝色、绿色 |
| 足球 | 绿色 |
| 门球 | 绿色 |
| 羽毛球 | 蓝色、绿色、红色 |
| 网球 | 蓝色、绿色、红色 |

**【标准条文】**

**5.2 规格尺寸**

5.2.1 各体育项目场地规格、缓冲区应符合 JG/T 191—2006 的相关要求。

5.2.2 各体育项目应采用不同颜色标志线或不同颜色色块加以区分。当使用不同颜色标志线时，首选项目场地标志线宜为白色，依次为黄色、蓝色、红色等，宽度均为50 mm。

5.2.3 场地划线应清晰、无明显虚边。

5.2.4 运动场项目组合示例参见附录 A。

**【条文释义】**

1. 为保障运动安全，运动场地外侧应预留一定的缓冲区，用于减少意外伤害，缓冲区内不应有任何障碍物。JG/T 191—2006《城市社区体育设施技术要求》对篮球、排球、足球、门球等15项体育运动项目场地与设施做出了具体要求。城市社区多功能公共运动场常见项目场地规格及缓冲区见表2-5-3。

**表2-5-3　城市社区多功能公共运动场常见项目场地规格及缓冲区**

| 项目 | 场地规格 | | 缓冲区 |
|---|---|---|---|
| 篮球 | 标准场地 | 28 m×15 m | 不小于1.5 m，临近场地等坚固障碍物不小于2 m |
| | 非标准场地 | 长宽减少值按照2∶1比例，但不小于22 m×12 m | |
| 排球 | 标准场地 | 18 m×9 m | 边线外1.5 m端线外3 m |
| | 气排球场地 | 12 m×6 m | |
| | 软式排球 | 15 m×7 m | |
| 足球 | 标准场地 | 105 m×68 m | 3 m |
| | 11人制足球 | 长度90 m～120 m<br>宽度45 m～90 m | 3 m |
| | 7人制足球 | 长度45 m～90 m<br>宽度45 m～60 m | 1.5 m |
| | 5人制足球 | 长度25 m～42 m<br>宽度15 m～25 m | 1.5 m |
| | 3人制足球 | 长度20 m～35 m<br>宽度12 m～21 m | 1.5 m |
| 门球 | 长度20 m～25 m、宽度15 m～20 m | | |
| 乒乓球 | 单片场地 | 7 m×4.6 m | |
| | 连片场地端部相邻 | 大于4.3 m，且用不低于0.75 m的活动围挡隔开 | |
| | 连片场地长边相邻 | 大于1.6 m | |
| 羽毛球 | 双打 | 13.40 m×6.10 m | 边线外不小于1 m<br>端线外不小于2 m |
| | 单打 | 13.40 m×5.18 m | |
| 网球 | 双打 | 23.77 m×10.97 m | 边线外不小于3.66 m<br>端线外不小于6.4 m |
| | 单打 | 23.77 m×8.23 m | |
| 轮滑 | 不小于300 $m^2$ | | |

**2.** 城市社区多功能公共运动场有几种运动类型，区分运动场地划线不仅仅是更好地服务运动者，也是提高运动场美观程度的一种方式，一般多功能运动场设置三种运动项目，其中有一种为首选项目运动，其标志线建议为白色，白色多为正常划线颜色，能突出首

要运动项目,其次依次为黄色、蓝色、红色等,方便区分。

3. 划线保持清晰可见、无明显虚边,是场地划线的基本要求,各方面应严格遵守。

4. 标准附录部分收录了三张多功能场地的示意图,分别是篮球、足球、排球场地组合示例图,7 人制足球与 5 人制足球组合示例图,双打网球与羽毛球组合示意图。城市社区多功能公共运动场设计时可参考建设,也可以选择其他组合方式,由于多功能场地布局种类组合多样,只要达到设计合理、种类恰当即可。

**【标准条文】**

**5.3 面层要求**

**5.3.1** 宜在平整的水泥或沥青基础上涂覆或铺装合成材料面层系统(面层及面层下方的弹性减震层),如塑胶面层、橡胶面层、人造草坪面层、丙烯酸面层等。常规面层系统及适用体育项目见表 1。

**表 1 多功能公共运动场常规面层系统及适用体育项目**

| 场地面层系统 | 首选项目 | 宜组合项目 | 弹性减震层 |
|---|---|---|---|
| 塑胶、橡胶 | 篮球 | 5 人制足球、排球、羽毛球、网球、手球、其他健身项目 | 宜增加 |
| 人造草坪 | 足球 | 排球、曲棍球、其他健身项目 | 宜增加 |
| | 篮球 | 排球、羽毛球、其他健身项目 | 宜增加 |
| | 门球 | 其他健身项目 | 无要求 |
| 丙烯酸 | 网球 | 羽毛球、排球、其他健身项目 | 宜增加 |

**5.3.2** 面层系统应选用安全、环保的材料制成,满足相应材料产品标准的质量、安全和环保要求。

**5.3.3** 塑胶、橡胶面层(含弹性减震层)铺装厚度应≥9 mm,面层拉伸强度、拉断伸长率、阻燃性及有害物质限量应符合 GB/T 14833 的相关要求。

**5.3.4** 人造草坪阻燃性、重金属含量及力学性能应符合 GB/T 20394—2013 的相关要求。

**5.3.5** 丙烯酸面层、弹性减震层有害物质限量和阻燃性应符合 GB/T 14833 的相关要求。

**【条文释义】**

1. 为保证建成的城市社区多功能公共运动场平整度符合要求,应尽可能选择在平整的水泥混凝土或沥青基础上涂覆合成材料,基础不平整会直接导致场地面层平整度达不到标准要求,增加健身者的安全风险和降低运动体验感。

城市社区多功能公共运动场地根据选择项目不同,可选择的场地面层也有所不同,面层的选择主要取决于场地首选项目,若首选篮球,则面层宜选择塑胶、橡胶面层;若首选项目为足球、门球等,则面层宜人造草坪面层;若首选项日为网球,则面层宜选择内烯酸面层。

**2.** 为保证健身者的运动安全及运动的正常开展，塑胶、橡胶面层（含弹性减震层）的城市社区多功能公共运动场应满足 GB 14833《合成材料跑道面层》4.1.4 的规定，见表 2-5-4。

**表 2-5-4 合成材料跑道面层物理性能**

| 面层类型 | 拉伸强度/MPa | 拉断伸长率/% | 冲击吸收/% | 垂直变形/mm | 抗滑值(BPN,20℃) | 阻燃/级 |
|---|---|---|---|---|---|---|
| 非渗水型合成面层材料 | ≥0.5 | ≥40 | 35～50 | 0.6～2.5 | ≥47 | 1 |
| 渗水型合成面层材料 | ≥0.4 | ≥40 | 35～50 | 0.6～2.5 | ≥47 | 1 |

经试验验证，铺装厚度小于 9 mm 的面层冲击吸收、垂直变形、拉伸强度等物理性能很难全部达到 GB/T 14833 要求。

塑胶、橡胶面层（含弹性减震层）的有害物质限量也应符合 GB/T 14833 的相关要求。

**3.** 人造草性能根据 GB/T 20394—2013《体育用人造草》5.2 的规定，见表 2-5-5、表 2-5-6。

**表 2-5-5 理化性能指标要求**

| 特性 | 序号 | 项目 | | 技术要求 |
|---|---|---|---|---|
| 结构规格 | 1 | 草簇密度 | 纵向标称值允差/% | ±2 |
| | | | 横向标称值允差/% | ±0.3 |
| | 2 | 草丝高度 | 标称值允差/% | ±1 |
| | | | 最高与最低差/mm | ≤4 |
| 基本性能 | 3 | 渗水性/[L/(min·m²)] | | ≥60 |
| | 4 | 阻燃性/mm | | 中心到损毁边缘的最大距离≤50 |
| | 5 | 摩擦系数 | | 0.6～1.0 |
| | 6 | 重金属含量 | 汞、砷、镉、铬金属离子总量/(mg/kg) | ≤125 |
| | | | 铅含量/(mg/kg) | ≤90 |
| | 7 | 耐酸性(试验时间:48 h)/h | | 草丝无明显变化，背胶无老化现象 |
| | 8 | 耐碱性(试验时间:48 h)/h | | 草丝无明显变化，背胶无老化现象 |
| | 9 | 耐有机性(92 号汽油浸泡 4 h)/h | | 草丝无明显变化，背胶无老化现象(背胶脱落或溶解) |
| | 10 | 草丝回弹性 | | 无明显变形、扭曲、裂缝(或破损) |
| | 11 | 草丝耐磨性保留率/% | | ≥97 |
| | 12 | 耐气候色牢度/级 | | ≥5 |

表 2-5-6　力学性能技术要求

<table>
<tr><th>特性</th><th>序号</th><th colspan="2">项　目</th><th>技术要求</th></tr>
<tr><td rowspan="10">力学性能</td><td>1</td><td colspan="2">草丝拉断力(开网丝、网状卷曲丝)/N</td><td>≥100</td></tr>
<tr><td>2</td><td colspan="2">草丝拉断力(单丝)/N</td><td>≥12</td></tr>
<tr><td>3</td><td colspan="2">草丝收缩率/%</td><td>≤5</td></tr>
<tr><td>4</td><td colspan="2">单簇草丝拔出力/N</td><td>≥35</td></tr>
<tr><td rowspan="2">5</td><td rowspan="2">底布拉断率(N/5 cm)</td><td>纵向</td><td>≥1 000</td></tr>
<tr><td>横向</td><td>≥1 200</td></tr>
<tr><td rowspan="2">6</td><td rowspan="2">底布抗撕裂力/N</td><td>纵向</td><td>≥100</td></tr>
<tr><td>横向</td><td>≥60</td></tr>
<tr><td rowspan="2">7</td><td rowspan="2">低温试验</td><td>草丝拉断力保留率/%</td><td>≥80</td></tr>
<tr><td>单簇草丝拔出力保留率/%</td><td>≥80</td></tr>
<tr><td rowspan="2">老化试验后的力学性能</td><td>9</td><td colspan="2">老化试验后的草丝拉断力保留率(开网丝)/%</td><td>≥80</td></tr>
<tr><td>10</td><td colspan="2">老化试验后的草丝拉断力保留率(单丝)/%</td><td>≥80</td></tr>
</table>

**【标准条文】**

**5.4　场地性能**

**5.4.1　滑动性能**

**5.4.1.1**　塑胶、橡胶、丙烯酸面层场地滑动阻力(抗滑值)应为 55 BPN～110 BPN。

**5.4.1.2**　人造草坪场地此项不要求。

**【条文释义】**

1. 场地防滑性能是保护运动人员安全的一项重要指标,我国体育领域国家标准、欧盟标准、国际单项运动组织技术文件中对不同面层材料运动场地的抗滑值均有明确规定。各标准规定值基本是按照 EN 13036. 4Road and airfield surfacecharacteristics—Test methods—Part 4:Method for measurement of slip/skidresistance of a surface:The pendulum test 规定的方法测试,见表 2-5-7。

表 2-5-7　不同标准对场地防滑性能的要求对比表

<table>
<tr><th rowspan="2">场地面层</th><th colspan="6">抗滑值要求</th></tr>
<tr><th>国家标准</th><th>抗滑值/BPN</th><th>欧盟标准</th><th>抗滑值/BPN</th><th>国际单项组织</th><th>抗滑值/BPN</th></tr>
<tr><td>合成材料面层</td><td>GB/T 22517. 6—2011《体育场地使用要求及检验方法田径场地》</td><td>≥47(田径)</td><td>EN 14877—2013 Synthetic surfaces for outdoor sports areas—Specification</td><td>55～110(室外多功能场)</td><td>IAAF(国际田径联合会)</td><td>≥47(田径)</td></tr>
</table>

续表 2-5-7

| 场地面层 | 抗滑值要求 | | | | | |
|---|---|---|---|---|---|---|
| | 国家标准 | 抗滑值/BPN | 欧盟标准 | 抗滑值/BPN | 国际单项组织 | 抗滑值/BPN |
| 合成材料面层 | GB/T 14833—2010《合成材料跑道面层》 | ≥47 | EN 14904—2006 Surfaces for sports areas—Indoor surfaces for multi-sports use—Specification | 80～110（室内多功能场） | FIBA（国际篮球联合会） | 80～110（篮球） |
| 丙烯酸 | GB/T 20033.2—2005《人工材料体育场地使用要求及检验方法 第2部分：网球场地》 | 60～100（网球） | EN 14877—2013 Synthetic surfaces for outdoor sports areas—Specification | 55～110（室外多功能场） | | |
| 人造草 | GB/T 20033.3—2006《人工材料体育场地使用要求及检验方法 第3部分：足球场地人造草面层》 | 120～220（足球） | EN 15330.1—2007 Surfaces for sports areas—Synthetic turf and needle-punched surfaces primarily designed for outdoor use—Part 1：Specification for synthetic turf | 120～220 | FIFA（国际足球联合会） | 120～220（足球） |

城市的社区多功能公共运动场地多为室外综合场地，其场地滑动阻力应尽可能满足多项运动需求，故采用了 EN 14877—2013 的要求，滑动阻力建议达到 55BPN～110BPN。

2. 根据 FIFA 最新场地研究，足球运动对于转动阻力的要求明显高于线性阻力。本标准主要用于社区健身活动，运动强度和损伤程度会远低于竞赛使用，对此项指标不予规定。

**【标准条文】**

**5.4.2 缓冲性能**

5.4.2.1 首选篮球项目场地宜在面层下方增加弹性减震层，冲击吸收宜为 25%～45%。

5.4.2.2 首选足球项目场地人造草坪如无填充物，则应在面层下方增加弹性减震层，冲击吸收宜为 35%～55%。

5.4.2.3 首选网球项目场地宜在面层下方增加弹性减震层，冲击吸收宜为 15%～35%。

5.4.2.4 首选门球项目场地冲击吸收不要求。

**【条文释义】**

1. 场地缓冲性能也是保护运动人员的重要指标之一，表 2-5-8 给出了我国体育领域国家标准、欧盟标准、国际单项运动组织技术文件中对不同面层材料运动场地缓冲性能的要求。各标准规定值基本是按照 EN 14808 Surfaces for sports areas—Determination of shock absorption 规定的方法测试。

**表 2-5-8　不同标准对缓冲性能的要求对比表**

| 场地面层 | 缓冲性能要求 | | | | | |
|---|---|---|---|---|---|---|
| | 国家标准 | 冲击吸收/% | 欧盟标准 | 冲击吸收/% | 国际单项组织 | 冲击吸收/% |
| 合成材料面层 | GB/T 22517.6—2011《体育场地使用要求及检验方法田径场地》 | 35～50（田径） | EN 14877—2013 Synthetic surfaces for outdoor sports areas—Specification | 25～45（室外多功能场） | IAAF（国际田径联合会） | 35～50（田径） |
| 合成材料面层 | GB/T 14833—2010《合成材料跑道面层》 | 35～50 | EN 14904—2006 Surfaces for sports areas—Indoor surfaces for multi-sports use—Specification | 25～75（室内多功能场） | FIBA（国际篮球联合会） | 25～40（篮球） |
| 丙烯酸 | GB/T 20033.2—2005《人工材料体育场地使用要求及检验方法　第2部分：网球场地》 | 5～15（一般运动）15～20（国内赛事）20～35（国际巡回赛） | EN 14877—2013 Synthetic surfaces for outdoor sports areas—Specification | ≥20（加垫层场地）≤10（硬地） | | |
| 人造草 | GB/T 20033.3—2006《人工材料体育场地使用要求及检验方法　第3部分：足球场地人造草面层》 | 55～70（足球） | EN 15330.1—2007 Surfaces for sports areas—Synthetic turf and needle-punched surfaces primarily designed for outdoor use—Part 1: Specification for synthetic turf | 55～70（足球）15～35（网球）35～55（多功能场） | FIFA（国际足球联合会） | 55～70（足球） |
| 人造草 | | | | | FIH（国际曲棍球联合会） | 40～65（曲棍球） |
| 木地板 | GB/T 19995.2—2005《天然材料体育场地使用要求及检验方法　第2部分：综合体育场馆木地板场地》 | ≥40 | EN 14904—2006 Surfaces for sports areas—Indoor surfaces for multi-sports use—Specification | 25～75 | FIBA（国际篮球联合会） | 永久木地板≥50 活动木地板≥40 |

**2.** 以篮球运动为首选项目的城市社区多功能运动场地面层一般为合成材料面层，同时场地需要兼顾其他运动项目缓冲性能，故本文件采用了 EN 14877—2013 中对多功能场地的冲击吸收性能要求 25%～45%。为达到此要求，建议在场地面层下面增加弹性减震层。

**3.** 以足球运动为首选项目的城市市区多功能运动场地面层首选为人造草面层，同时场地需要兼顾其他运动项目缓冲性能，故本文件采用 EN 15330.1—2007 中对多功能场地的冲击吸收性能要求35%～55%。

4. 以网球运动为首选项目的城市社区多功能运动场地面层一般为丙烯酸面层。丙烯酸性能缓冲能力弱，同时健身群众没有经过专业运动培训，对自身保护能力差，故建议面层下方增加弹性减震层，冲击吸收性能达到比赛级别要求15%～35%。
5. 由于门球项目无激烈对抗，故以门球为首选的多功能运动场不对冲击吸收做要求。

**【标准条文】**

> **5.4.3　垂直变形性能**
>
> 5.4.3.1　塑胶、橡胶面层场地垂直变形宜≤6 mm。
>
> 5.4.3.2　首选足球项目人造草坪场地垂直变形宜为3 mm～10 mm。
>
> 5.4.3.3　其他面层场地垂直变形不要求。

**【条文释义】**

本标准对垂直变形不做过高要求，参考欧盟标准，规定塑胶、橡胶等合成面层多功能场地垂直变形宜≤6 mm，人造草坪面层多功能场地垂直变形建议为3 mm～10 mm，其他面层多功能场地对垂直变形不予要求。检测方法为EN 14809　Synthetic surfaces for outdoorsports areas—Specification规定的检测方法。见表2-5-9。

**表2-5-9　不同标准对场地垂直变形性能的要求对比表**

| 场地面层 | 垂直变形性能要求 | | | | | |
|---|---|---|---|---|---|---|
| | 国家标准 | 垂直变形/mm | 欧盟标准 | 垂直变形/mm | 国际单项组织 | 垂直变形/mm |
| 合成材料面层 | GB/T 22517.6—2011《体育场地使用要求及检验方法田径场地》 | 0.6～2.5（田径） | EN 14877—2013 Synthetic surfaces for outdoor sports areas—Specification | ≤6（室外多功能场）≤3（网球） | IAAF（国际田径联合会） | 0.6～2.5（田径） |
| | GB/T 14833—2010《合成材料跑道面层》 | 0.6～2.5 | EN 14904—2006 Surfaces for sports areas—Indoor surfaces for multi-sports use—Specification | ≤5（室内多功能场） | FIBA（国际篮球联合会） | 2～5（篮球） |
| 人造草 | GB/T 20033.3—2006《人工材料体育场地使用要求及检验方法　第3部分：足球场地人造草面层》 | 4～9（足球） | EN 15330.1—2007 Surfaces for sports areas—Synthetic turf and needle—punched surfaces primarily designed for outdoor use—Part 1: Specification for synthetic turf | 3～10 | FIFA（国际足球联合会） | 4～11（足球） |

【标准条文】

5.4.4 **球反弹性能**

5.4.4.1 首选篮球项目场地垂直球反弹率应≥75%(以篮球测试)。

5.4.4.2 首选足球项目场地垂直球反弹率应为30%~50%(以足球测试)。

5.4.4.3 首选网球项目场地垂直球反弹率应≥80%(以网球测试)。

5.4.4.4 首选门球项目场地球反弹性能不要求。

【条文释义】

1. 垂直球反弹性能作为体育场地运动性能指标之一,能够证明场地是否能正常开展相关运动。因为足球、篮球、网球、门球场地面积较大,普及较为广泛,因此城市社区多功能公共运动场多选这几类项目为首选项目。表2-5-10为国家标准、欧盟标准及国际单项运动组织对垂直球反弹性能的具体要求。

**表2-5-10 不同标准对场地垂直球反弹性能的要求对比表**

<table>
<tr><th rowspan="2">场地面层</th><th colspan="6">垂直球反弹性能要求</th></tr>
<tr><th>国家标准</th><th>球反弹率/%</th><th>欧盟标准</th><th>球反弹率/%</th><th>国际单项组织</th><th>球反弹率/%</th></tr>
<tr><td rowspan="2">合成材料面层</td><td rowspan="2"></td><td rowspan="2"></td><td>EN 14877—2013 Synthetic surfaces for outdoor sports areas—Specification</td><td>≥80(室外多功能场,篮球/网球测试)</td><td rowspan="2">FIBA(国际篮球联合会)</td><td rowspan="2">≥93(篮球)</td></tr>
<tr><td>EN 14904—2006 Surfaces for sports areas—Indoor surfaces for multi-sports use—Specification</td><td>≥90(室内多功能场,篮球测试)</td></tr>
<tr><td>丙烯酸</td><td>GB/T 20033.2—2005《人工材料体育场地使用要求及检验方法 第2部分:网球场地》</td><td>≥80(网球)</td><td></td><td></td><td>ITF(国际网球联合会)</td><td>≥80(网球)</td></tr>
<tr><td>人造草</td><td>GB/T 20033.3—2006《人工材料体育场地使用要求及检验方法 第3部分:足球场地人造草面层》</td><td>30~50(足球)</td><td>EN 15330.1—2007 Surfaces for sports areas—Synthetic turf and needle-punched surfaces primarily designed for outdoor use—Part 1: Specification for synthetic turf</td><td>45~75(足球)≥80(网球)</td><td>ITF(国际网球联合会)</td><td>≥80(网球)</td></tr>
</table>

续表 2-5-10

| 场地面层 | 垂直球反弹性能要求 | | | | | |
|---|---|---|---|---|---|---|
| | 国家标准 | 球反弹率/% | 欧盟标准 | 球反弹率/% | 国际单项组织 | 球反弹率/% |
| 木地板 | GB/T 19995.2—2005《天然材料体育场地使用要求及检验方法　第2部分:综合体育场馆木地板场地》 | ≥90（竞赛）≥75(群众健身) | | | FIBA(国际篮球联合会) | ≥93（篮球） |

2. 由于城市社区多功能公共运动场地主要用于群众健身,垂直球反弹性能满足群众健身要求即可,故本文件中均选择了篮球、足球、网球项目场地垂直球反弹性能的最低要求。
3. 足球项目场地垂直球反弹性能测试方法采用GB/T 19995.1—2005《天然材料体育场地使用要求及检验方法　第1部分:足球场地天然草面层》规定的方法,篮球项目场地垂直球反弹性能测试方法采用GB/T 19995.2—2005《天然材料体育场地使用要求及检验方法　第2部分:综合体育场馆木地板场地》规定的方法,网球项目场地垂直球反弹性能才是方法采用GB/T 20033.2—2005《人工材料体育场地使用要求及检验方法　第2部分:网球场地》规定的方法。
4. 由于门球运动的运动规则涉及不到球反弹,故对门球场不做球反弹要求。

【标准条文】

> **5.4.5　球滚动性能**
>
> 5.4.5.1　首选足球项目人造草面层场地球滚动距离应为4 m～10 m。
>
> 5.4.5.2　其他面层场地球滚动性能不要求。

【条文释义】

1. GB/T 20033.3－2006《人工材料体育场地使用要求及检验方法　第3部分:足球场地人造草面层》4.2 表1 中规定,人造草面层场地球滚动距离应为4 m～10 m。
   测试方法:用标准足球,从1m高出沿45°斜坡滑下,从斜面的前面,用标定过的钢卷尺测定足球滚出的距离,即从斜面的前端到球停止点的距离。
2. 球滚动主要要求足球项目天然草或人造草,其他场地不要求。

【标准条文】

> **5.4.6　渗水性能**
>
> 有渗水功能的运动场渗水速率宜≥180 mm/h。

【条文释义】

城市社区多功能公共运动场建设多为非渗水基础,因此需要一定表面坡度进行排水。

然而如采用渗水结构，则渗水速率宜设计在 180 mm/h 以上，以保证大雨过后场地积水能尽快渗、排，使场地投入使用。

**【标准条文】**

**5.4.7　平整度**

**5.4.7.1**　首选足球项目人造草面层场地用 3 m 直尺测量，任意两点相对高差应≤10 mm；其他人造草面层场地用 3 m 直尺测量，任意两点相对高差应≤6 mm。

**5.4.7.2**　塑胶、橡胶及丙烯酸面层场地用 3 m 直尺测量，任意两点相对高差≤4 mm。

**【条文释义】**

**1.** 不同运动项目采用的运动场地面层不同，同时对场地平整度要求也各不相同，表 2-5-11 表明，我国主要应用于专业竞赛和训练的体育设施标准规定值与欧盟标准、国际单项组织标准基本一致。所以本文件规定首选足球项目人造草面层场地用 3 m 直尺测量，任意两点相对高差应≤10 mm；其他人造草面层场地用 3 m 直尺测量，任意两点相对高差应≤6 mm。

**2.** 对于塑胶、橡胶及丙烯酸面层场地，在国际上的通用标准规定值是“用 3m 直尺测量，任意两点的高差≤6 mm”。通过调研和询问相关专家意见结果来看，用 3 m 直尺测量，任意两点高差达到 6 mm 的场地对于运动的影响非常大，不推荐使用此要求。故本文件根据国内现有的场地施工水平，将平整度要求提高到“用 3 m 直尺测量，任意两点相对高差≤4 mm”的要求。

**表 2-5-11　不同标准对场地平整度的要求对比表**

| 场地面层 | 平整度要求 | | | | | |
|---|---|---|---|---|---|---|
| | 国家标准 | 平整度/mm | 欧盟标准 | 平整度/mm | 国际单项组织 | 平整度/mm |
| 合成材料面层 | GB/T 22517.6—2011《体育场地使用要求及检验方法田径场地》 | 3 m 直尺，≤6 或 1 m 直尺，≤3（Ⅱ、Ⅲ类田径场） | EN 14877—2013 Synthetic surfaces for outdoor sports areas—Specification | 3 m 直尺，≤6（室外多功能场） | IAAF（国际田径联合会） | 4 m 直尺，≤6；1 m 直尺，≤3（田径） |
| | | | EN 14904—2006 Surfaces for sports areas—Indoor surfaces for multi-sports use—Specification | 3 m 直尺，≤6（室内多功能场） | ITF（国际网球联合会） | 3 m 直尺，≤6（网球） |
| 丙烯酸 | GB/T 20033.2—2005《人工材料体育场地使用要求及检验方法　第 2 部分：网球场地》 | 300 mm 直尺，≤2（网球） | EN 14877—2013 Synthetic surfaces for outdoor sports areas—Specification | 3 m 直尺，≤6（网球） | ITF（国际网球联合会） | 3 m 直尺，≤6（网球） |

续表 2-5-11

<table>
<tr><th rowspan="2">场地面层</th><th colspan="6">平整度要求</th></tr>
<tr><th>国家标准</th><th>平整度/mm</th><th>欧盟标准</th><th>平整度/mm</th><th>国际单项组织</th><th>平整度/mm</th></tr>
<tr><td>人造草</td><td>GB/T 20033.3—2006《人工材料体育场地使用要求及检验方法 第3部分:足球场地人造草面层》</td><td>3 m 直尺,≤10(足球)</td><td>EN 15330.1—2007 Surfaces for sports areas—Synthetic turf and needle-punched surfaces primarily designed for outdoor use—Part 1: Specification for synthetic turf</td><td>3 m 直尺,≤10(足球)<br>3 m 直尺,≤6(其他类型场地)</td><td>FIFA(国际足球联合会)</td><td>3 m 直尺,≤10(足球)</td></tr>
<tr><td>木地板</td><td>GB/T 19995.2—2005《天然材料体育场地使用要求及检验方法 第2部分:综合体育场馆木地板场地》</td><td>2 m 直尺,≤2</td><td></td><td></td><td></td><td></td></tr>
</table>

【标准条文】

**5.4.8 坡度**

5.4.8.1 运动场应设计一定坡度,坡度方向及坡度值可依据场地的环境条件、面层材料的渗水性能、场地面积及体育项目等因素具体确定。

5.4.8.2 首选足球项目人造草面层场地根据面积大小可设计为长轴中线向两侧边线放坡或边线向边线放坡,坡度应≤1%。

5.4.8.3 其他面层运动场单片场地均应在同一平面上,且坡度应≤1%。

【条文释义】

1. 为便于场地排水,运动场建设时应设计一定的坡度,坡度方向及大小可根据场地基础方向、面层材料渗水性、场地面积等因素设计,场地坡度应控制在一定范围内,否则会影响运动体验和比赛成绩。
2. 足球场地首选放坡方式为长轴中线向两侧边线放坡,次选边线向边线放坡,不建议端线向端线放坡。
3. 当出现多片场地连排时,场地应整体向一边放坡。参考了 JGJ/T 191—2006《城市社区体育设施技术要求》4.3.1.2 条要求,室外综合场地坡度应≤1%。

## 六、体育项目器材

**【标准条文】**

6 体育项目器材

6.1 器材配置要求

6.1.1 篮球架应至少符合 GB/T 23176—2008 中练习架的要求。

6.1.2 足球门应符合 QB/T 4291—2012 第 4 章的要求。

6.1.3 羽毛球球网应符合 QB/T 2758.1—2005 中合格品的要求，网柱应符合 QB/T 2758.2—2005 中合格品的要求。

6.1.4 排球柱和网应符合 QB/T 4290—2012 第 4 章的要求。

6.1.5 网球专用网柱和球网应分别符合 GB/T 20033.2—2005 中 4.4.1 和 4.4.2 的要求。

6.1.6 门球项目应配备三副门球球门、一个门球终点柱。球门及终点柱应符合 JG/T 191—2006 中 5.4 的相关要求。

6.1.7 可配置移动型体育项目器材，以减少安装难度和预埋件对场地的影响。

6.1.8 所有器材均应有产品质量合格证明。

**【条文释义】**

1. 城市社区多功能公共运动场地篮球架应符合 GB/T 23176—2008《篮球架》的要求，标准中带有“竞赛用”的条目为正式比赛用篮球架，城市社区多功能公共运动场配置的篮球架可不满足该条要求。

2. 城市社区多功能公共运动场地足球门，应符合 QB/T 4291—2012《足球门柱和网》中相关要求，标准中 4.1 给出的球门结构与尺寸为 11 人制足球场地尺寸，根据规则与场地大小不同，5 人制足球与 7 人制足球与 11 人制球门尺寸也不同。具体尺寸见表 2-6-1。

**表 2-6-1 5 人制、7 人制、11 人制足球场地球门尺寸**

| 5 人制 | 3 m×1.2 m×2 m(两柱之间相距 3 m，前后距 1.2 m，高度 2 m) |
|---|---|
| 7 人制 | 5 m×1.6 m×2 m (两柱之间相距 5 m，前后距 1.6 m，高度 2 m) |
| 11 人制 | 7.32 m×2.2 m×2.44 m(两柱之间相距 7.32 m，前后距 2.2 m，高度 2.44 m) |

3. QB/T 2758.1—2005《羽毛球网》给出了羽毛球网基本尺寸，见表 2-6-2。

**表 2-6-2 羽毛球网的基本尺寸**

单位为毫米

| 部位名称 | 基本尺寸 | 极限偏差 | | |
|---|---|---|---|---|
| | | 优等品 | 一等品 | 合格品 |
| 球网长度 | ≥6 100 | — | | |
| 球网宽度 | 760 | ±20 | ±25 | ±30 |
| 网孔边长 | 18 | ±2 | | ±3 |
| 边宽 | 75(W×2) | ±3 | ±4 | ±5 |
| 穿网绳长 | ≥7 800 | — | | |

社区多功能公共运动场球网达到合格品要求即可。

外观要求：

a）球网缝制牢固，针脚整齐，无跳针、漏针现象；

b）球网上沿布边不应有拼接，穿网绳不应有接头；

c）网孔的水平线应与球网上沿布边基本平行；

d）球网不应有发霉现象。

QB/T 2758.2—2005《羽毛球网柱》给出了羽毛球网柱基本尺寸，见表 2-6-3。

**表 2-6-3 羽毛球柱基本尺寸** 单位为毫米

<table>
<tr><th rowspan="2">部位名称</th><th rowspan="2">基本尺寸</th><th colspan="3">极限偏差</th></tr>
<tr><th>优等品</th><th>一等品</th><th>合格品</th></tr>
<tr><td>球网中央顶部高</td><td>1 524</td><td>+3<br>0</td><td rowspan="2">±5</td><td>±8</td></tr>
<tr><td>网柱高度</td><td>1 550</td><td>±5<br>0</td><td>±10</td></tr>
<tr><td>埋地套管入地深度<br>（固定式）</td><td colspan="4">≥300</td></tr>
</table>

社区多功能公共运动场球网柱达到合格品要求即可。

外观要求：表面光滑、平整，光泽度不大于 30%、无影响使用的缺陷。

**4.** 排球运动中，排球柱和网应符合 QB/T 4290—2012《排球柱和网》的要求。

排球球网基本要求：

a）球网应为黑色，宽 1 000 mm、长 9 500 mm～10 000 mm（每边标志带外 250 mm～500 mm），网眼为 100 mm×100 mm 正方形。

b）球网上沿全长应缝有 70 mm 宽的双层白帆布带，下沿全长应缝有 50 mm 宽的双层白帆布带。

排球球柱基本要求：

a）球柱应能稳定固定在场地上，无明显晃动现象，在正常使用过程中不得倾斜、翻倒和较明显的永久变形现象。

b）移动式排球柱脚轮应滚动灵活，使用时脚轮不应着地。

**5.** 网球运动中，网柱和球网应符合 GB/T 20033.2《人工材料体育场地使用要求及检验方法 第 2 部分：网球场地》的要求。

网球球网基本要求：

a）球网中心高度应为 0.914 m，用宽度不大于 50 mm 的中心网带向下绷紧固定。

b）网眼尺寸应为 45 mm×45 mm。

网球球柱基本要求：

a）网柱的高度应为 1.07 m，高于网绳顶端的部分应不大于 25 mm。

b）网柱边长或直径应不大于 152 mm。

**6.** 门球运动中，球门及终点柱应符合 JG/T 191—2006《城市社区体育设施技术要求》的要求。

门球球门基本要求：

球门为"⊓"形，用直径 10 mm 的圆形金属棒制成；球门横梁下沿距地面190 mm，门柱内宽220 mm(110 mm 处为球门的中心点)，柱与地面垂直装牢；球门的正上方可设号码标志(规格 100 mm×100 mm)。

门球终点柱基本要求：终点柱设置在门球场正中央，与地面垂直装牢，高出地面 200 mm；终点柱用直径 20 mm 的圆形金属棒制成，顶上方可设标志物。

7. 可配置可移动形式运动器材设备，减少预埋或者半安装对场地和面层造成的损害，也减少了安装难度，进一步实现不同运动项目之间的快速转换。
8. 所有的运动器材都应有质量合格证明，以保证运动者的安全。据不完全统计，全国每年因运动器材造成损伤的大概有 100 人以上，大多因为器材未按时保养或采用廉价的器材。器材与运动者密切相关，采用合格的、优质的健身器材是保证运动者安全和运动效果的重要条件之一。

**【标准条文】**

6.2　安装和存放要求

6.2.1　运动器材安装位置应满足各体育项目需求，符合 JG/T 191—2006 的要求。

6.2.2　器材安装应稳定、牢固，没有基础及部件松动现象。

6.2.3　器材预埋件不应凸出于场地基础，预埋件上方应覆盖盖板，盖板材料与面层相同，覆盖后该位置不应影响场地外观和平整度。

6.2.4　转换使用的未安装器材应存放于场地缓冲区外，宜在围网以外设专用器材存放区。

**【条文释义】**

1. 不同多功能运动场地有不同的运动项目组合，各个场地之间的面积也可能有差距，各业主应该按照场地规划情况合理设置好该场地运动器材规划和设计。并符合 JG/T 191—2006《城市社区体育设施技术要求》的要求。
2. 器材安装质量关系到器材的使用功能、安全性能和使用寿命。据统计，器材使用过程中出现损坏、失效及安全事故的诸多因素中，由于安装环节出现的问题占到 50%以上。因此，器材必须由有资质的专业人员进行安装，或在专业安装人员指导下，由使用单位进行安装。安装完成后，使用单位和供应商应进行检查验收，确保器材安装应稳定、牢固，确保不存在基础及部件松动的现象。
3. 预埋式器材安装方法：
   a) 挖一个适当大小的基坑；
   b) 在坑底铺垫一定厚度混凝土形成底基；
   c) 将预埋件放入基坑正中，调整至立柱与地面垂直，器材和预埋件的连接处与地面保持齐平，预埋件顶端高度应低于面层；
   d) 混凝土倒入预埋件立柱四周，将预埋件固定在坑基中；
   e) 待预埋件完全固定后，将器材的立柱连接孔套入预埋件露出的螺纹部分，拧紧防盗螺栓；

f）覆盖盖板，预埋式器材最大的优点在于可随时拆卸、搬运。

4. 直插式器材安装方法：
根据 GB 19272 —2011《室外健身器材的安全　通用要求》5.7.2 条要求“器材立柱埋入地下的深度：当器材地面上的高度大于 2 000 mm 时，应不小于 600 mm；器材地面以上的高度大于 1 000 mm 且小于2 000 mm时，应不小于 500 mm；器材地面以上高度小于 1 000 mm时，应不小于 400 mm。器材立柱底部以下应有不小于 100 mm 厚度的混凝土支撑层；回填层厚度应不小于 100 mm”。

5. 城市社区多功能公共运动场经常会进行不同的运动项目转换，如排球、网球、羽毛球等，部分项目需要非固定安装的体育器械，如网柱、球网等，因此宜建立简易器材存储用房，减少露天闲置带来不必要的损害，增加运动器材使用寿命，且方便器材管理。储存用房应干燥、通风、无漏雨及无化学性腐蚀，器材堆放宜加干燥垫板。

## 七、围网设施

**【标准条文】**

**7　围网设施**

7.1　宜在运动场地缓冲区外设置围网，分隔运动与非运动区域并便于场地维护和管理。

7.2　首选足球、篮球、网球等项目运动场宜配置四周封闭式围网，门球项目运动场宜配置半封闭围网或设置围挡（如高 300 mm、宽 200 mm 的水泥隔离台）。

7.3　围网应结构稳固，不应因人体或球类冲击发生变形或破损。

7.4　地面以上 2 m 高度范围内，宜无可攀爬结构。

7.5　地面以上 2 m 高度范围内，围网表面不应有突出物，表面应光滑、平整，并具有缓冲功能。

7.6　四周封闭式围网应设置不少于两个出入门，门应向场地外侧平开，尺寸应不小于 1.4 m。

7.7　门球封闭式围挡应设置不少于一个出入口。

7.8　宜在足球场上方设置顶网。

**【条文释义】**

1. 运动场地应设置围网。首先，围网可以有效地阻挡球飞出场地，既能够减少健身群众捡球时间，又能防止球飞出去误伤路人。其次，围网可阻挡机车类、小朋友或小动物进入场地，对场地及人员进一步起到保护作用。

2. 对足球、篮球、网球等相关球类或其他大球类体育运动场所，建议设立四周封闭式围网，保证运动的正常进行，同时考虑周围环境安全因素。常见运动场地封闭式围挡设施的最小高度见表 2-7-1。

表 2-7-1 常见运动场地封闭式围挡设施的最小高度 单位为米

| 项目名称 | 篮球 | 排球 | 足球 | 网球 | 乒乓球 |
|---|---|---|---|---|---|
| 围挡最小高度 | 2 | 3 | 3 | 4 | 0.75 |

3. 围网结构应该足够稳定，足够坚固，业主方应及时监督施工方完成好施工项目，施工方也应本着对运动者和业主方负责的原则，建设合格的围网，以保障不因人员或球类冲击发生变形或破损，在多雨多风地区应该增加防护层或辅助支撑装置。

   围网建议使用直径大于 3.7 mm 的钢丝编制制造，孔径大小一般为 50 mm×50 mm。网栏支柱建议使用外径大于 60 mm，壁厚大于 2.5 mm 的建筑钢管或其他同等强度的材料制造，围网及网栏应做防腐处理，如电镀、热镀、喷塑、浸塑等。网体颜色一般采用墨绿色，也可以根据周边环境选择其他颜色。

4. 除边缘外，围网 2 m 以下的部分不建议安装多余的骨架结构，防止有人借助骨架攀爬围网。

5. 地面以上 2 m 高度范围内的围网表面应保持平整，无凸起，表面光滑，有缓冲功能。高度设置为 2 m 主要是考虑到国内运动者的平均身高，避免运动者因撞击围网造成损伤，见图 2-7-1。

图 2-7-1 球场围网

6. 对于封闭式围网球场，出入口同时具备疏散通道功能，根据 GB 50016—2014《建筑设计防火规范》的要求，疏散通道应不少于 2 个，且尺寸应不小于 1.4 m，并应向疏散方向开启。出入口不应有门槛或放置阻碍疏散的物品。

7. 门球围挡相对比较矮小（见图 2-7-2），比较好跨越，而且门球运动并没有较强的运动冲击，设计一个出入口即可，但门球运动的参与者大多数为老年人，为防止老年人为了抄近路选择迈过隔离墙（网），造成不必要的事故，可适当增加出入口的数量。

图 2-7-2 门球场地围挡

**8.** 笼式足球场(见图 2-7-3)占地面积小,更适合社区建设。与其他场地不同,笼式足球场顶部需安装保护网,防止足球飞出场地。顶网的材料要求其比重小、强度高、耐磨性好、延伸率大和耐久性较强。此外,还应有一定的耐气候性能,受潮受湿后其强度下降不大,根据特点多采用尼龙材质。

图 2-7-3 笼式足球场

## 八、照明设施

【标准条文】

8 照明设施

8.1 应配置人工照明设施，照明灯柱宜采用两侧布灯或四角布灯方式安装在场地围网以外并不低于围网高度，颜色与周围环境匹配。

8.2 篮球、足球项目场地水平照度应≥150 lx，网球项目场地水平照度应≥200 lx。

8.3 场地水平照度均匀度宜满足：$U_1$(最小值/最大值)≥0.3，$U_2$(最小值/平均值)≥0.5。

8.4 应避免眩光对运动造成干扰，眩光指数宜≤55。

8.5 不应给周边环境造成光污染，影响社区居民的正常生活。

8.6 照明系统应有安全防护措施，确保健身人员及观众不受伤害。

8.7 宜使用太阳能等新型绿色能源及 LED 等节能型照明光源。

【条文释义】

1. 目前生活节奏比较快，大部分健身人群活动时间在下午 17:00 点之后，夜晚运动对运动者造成许多不便之处。所以城市社区多功能公共运动场应根据实际情况设置灯光照明设施。照明设施建议采用两侧布灯或者四角布灯的形式，各地区可根据实际情况加以改装，如采用与围网一体式照明设施，或者是中心灯光源可同时满足多片场地照明需求。

四角布灯式比较适用于类似标准足球场地的大型社区运动场，灯杆高一般为 35 m～60 m，常用窄光束灯具(如图 2-8-1)。

图 2-8-1 四角布灯

两侧布灯式适用于篮球场、网球场等比较小型的城市社区多功能公共运动场，灯杆高一般高 6 m～8 m，两边对称布置 4 根或 6 根灯杆。若有连片场地，灯杆可重复使用（见图 2-8-2、图 2-8-3）。

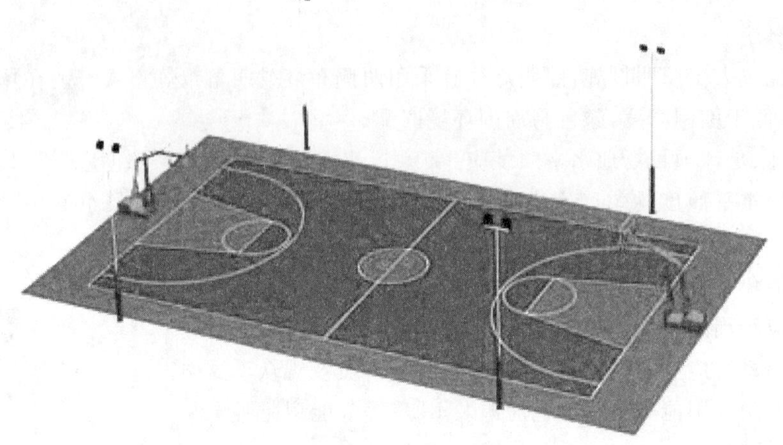

图 2-8-2　两侧布灯方式（4 杆）

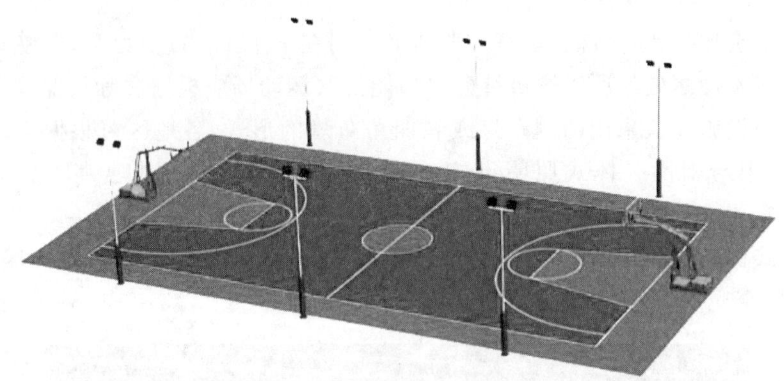

图 2-8-3　两侧布灯方式（6 杆）

2. JG/T 191—2006《城市社区体育设施技术要求》4.5 给出最低照度要求见表 2-8-1。

表 2-8-1　常见运动场地最低照度

| 运动项目 | 照度/lx | 照度均匀度 |
|---|---|---|
| 篮球、排球、网球、羽毛球 | 200 | 0.6 |
| 足球 | 150 | 0.6 |
| 门球 | 200 | 0.6 |
| 乒乓球 | — | 0.6 |
| 健身路径 | 150 | 0.6 |
| 综合场地 | 200 | 0.6 |
| 注：乒乓球场地照明应重点考虑防止台面反光 | | |

TY/T 1002.2—2009《体育照明使用要求及检验方法　第 2 部分：综合体育馆》表 1 给

出的照明标准值见表 2-8-2。

**表 2-8-2 照明标准值**

| 运动项目 | 分级 | 水平照度/lx | 照度均匀度 |
|---|---|---|---|
| 篮球、排球、手球、室内足球、柔道、摔跤、武术、跆拳道、空手道、举重、学校运动 | I | 200 | 0.5 |
| 室内网球 | I | 300 | 0.5 |

欧标 EN 12193 Light and lighting. Sports lighting 对于户外社区照明要求见表 2-8-3。

**表 2-8-3 EN 12193 户外社区照明要求**

| 运动项目 | 分级 | 水平照度/lx | 照度均匀度 |
|---|---|---|---|
| 篮球 | Ⅲ社区 | 75 | 0.5 |
| 足球 | Ⅲ社区 | 75 | 0.5 |
| 网球 | Ⅲ社区 | 200 | 0.6 |
| 排球 | Ⅲ社区 | 75 | 0.5 |

综合上述三项数据得出本标准中的数据。

**3.** 眩光是指视野中的亮度分布或亮度范围的不适宜，或存在极端的亮度对比，以致引起不舒适感觉或降低观察细部及目标能力的视觉现象，各等级眩光指数对眼睛的影响见表 2-8-4。

眩光对运动的影响非常大。其一，直接的眩光会使运动员无法捕捉空中飞行球的轨迹或看不清眼前的目标；其二，眩光是起视觉疲劳的重要原因之一，长时间处在眩光中眼睛会产生视觉疼痛感；其三，眩光过后眼睛会产生的视觉黑现象。上述三种情况都会导致运动人员无法及时做出反应，影响比赛进行。所以社区多功能运动场设计灯光时应考虑到眩光因素，并采用合理的眩光控制方法，减少眩光对运动者的危害，如调整布灯方式、调整灯光照射角度、选择经过眩光处理的灯具等方法。

**表 2-8-4 眩光指数对眼睛的影响**

| 对眼睛的影响 | 眩光指数 GR |
|---|---|
| 无法忍受 | 90 |
| | 80 |
| 有干扰 | 70 |
| | 60 |
| 可以允许 | 50 |
| | 40 |
| 明显 | 30 |
| | 20 |
| 不明显 | 10 |

**4.** 光污染是一种新型污染，往往被大众所重视，城市社区多功能运动场多建设在社区附

近，很有可能对周围居民造成光污染影响，施工方和运营方应该控制好灯光亮度和场馆开放时间，在保持运动者正常运动的同时，必须保障周围居民的合法权益。

**5.** 防护措施主要包含自我防护措施和对外保护措施两方面。

对外保护措施：主要针对漏电、灯具爆炸等问题所采取的措施，建议所有照明系统采用暗线布线。

我防护措施：意在为了防止恶意破坏，如安装灯罩等。

**6.** 城市社区多功能公共运动场最大的能耗在于夜间照明，所以照明应选用节能灯具，在保护环境的同时，还能减低场地运营成本。现有城市社区多功能公共运动场灯具一般选用金卤灯和LED灯两种类型(见图2-8-4、图2-8-5)。

金卤灯是现有室外体育场地使用最多的灯具，该灯具有发光效率高、显色性能好、寿命长等特点，是一种接近日光色的节能新光源，广泛应用于体育场馆、展览中心、大型商场、工业厂房、街道广场、车站、码头等场所的室内照明。

LED被称为第四代节能照明产品，是近些年兴起的照明灯具类型。其特点如下，环保：无汞、无紫外线。节能：光效高，目前量产可达到160 lm/W。长寿命：平均寿命30 000 h～50 000 h以上。不怕震动，可以实现调光、智能控制，非常适合室外的社区多功能公共运动场地。

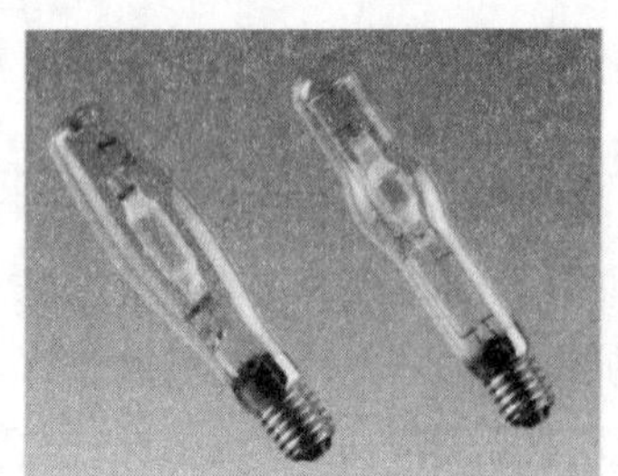

**图2-8-4　金卤灯**

**图2-8-5　LED灯**

## 九、标识系统

**【标准条文】**

9　标识系统

9.1　应在明显位置配置公共信息标识，如位置引导标识、安全警示标识、信息提示标识等，各类公共信息图形符号应符合GB/T 10001.1的相关要求。

9.2　应设置标牌对以下内容进行公示：

a)　健身人员安全须知；

b)　场地、器材使用须知；

c)　场地开放信息(如场地功能介绍、开放时间、使用途径等)；

d)　场地建设管理信息(建设单位、维护管理单位、报修电话等)。

9.3　宜配置运动场唯一性识别编码或标识。

【条文释义】

1. 城市社区多功能公共运动场作为公共活动场所，应具备公共信息标识供群众参考，包括引导方面、安全方面、信息提示方面等对运动者提供便利。公共信息标识符号应符合 GB/T 10001.1《公共信息图形符号　第1部分：通用符号》的相关要求。
2. 对于场地内部，应公开以下信息供健身人员参阅，如安全须知、场地和器材使用须知、场地开放信息、建设管理信息等，一些重点信息也可着重编写，如多功能运动场可涉及的项目，如何进行项目转换，如何安装、拆卸和更换未固定安装的设备设施、设备的存放等。
3. 运动场地宜设置唯一性的编码或者标识，以便管理和记录，在我国的一些地区充分利用了体育＋互联网的方式，每片运动场甚至小到每件器材都有唯一的编码(二维码)，并配有专门的 APP 管理系统，健身群众可以从 APP 中快速查找附近的社区运动场位置。器材损坏时，群众可扫描该器材编码(二维码)网上申报维修，维修人员会在当天或隔天到达现场进行维修，社区的器材场地由群众自己监管，极大地解决了社区运动场管理难、运维难的问题，提高了场地的维护效率。

## 十、其他设施

【标准条文】

> **10　其他设施**
>
> 10.1　宜在场地缓冲区外设置给水设施及排水设施。
>
> 10.2　宜设置遮阳、避雨的休憩座椅。
>
> 10.3　宜设置简易更衣室。
>
> 10.4　宜设置有固定或移动式卫生间。
>
> 10.5　宜设置专用器材存放区。

【条文释义】

1. 排水性能高的场地能够极大减少雨后场地积水、浸泡对场地造成的伤害，建议在缓冲区外设置给排水设施，且排水设施表面应与地面平滑连接，避免排水设施对运动项目带来影响。
2. 除场地外，运动场可以适当增加部分辅助设施，如遮阳和避雨座椅、更衣室、卫生间等，为锻炼群众带来方便。
3. 建议设置专门的功能用房，以便器材存放，器材存放区应干燥、通风、无漏雨及无化学性腐蚀，器材堆放宜加干燥垫板。

## 十一、检验方法及判定规则

【标准条文】

> **11　检验方法及判定规则**
>
> **11.1　总则**
>
> 查验图纸及现场感官检验。

【条文释义】

现场验收检测时，首先应检验图纸，检查场地设计是否符合本标准第 4 章提出的相关要求，其次去现场观看场地建设是否合乎图纸要求。

【标准条文】

11.2 场地系统

11.2.1 朝向及外观

查验图纸及现场感官检验。

11.2.2 规格尺寸

现场观察，使用精度不低于 10 mm/km 的测距仪器进行检测。

【条文释义】

1. 验收确定场地朝向时，应首先检查图纸，确定场地设计的朝向，然后去现场确定场地朝向。
2. 场地规格检测时，应使用精度不低于 10 mm/km 的测距仪现场测量。

【标准条文】

11.2.3 面层性能

11.2.3.1 各类面层(人造草坪除外)及弹性减震层的有害物质含量、阻燃性按照 GB/T 14833 规定的检测规则和方法进行检测。

11.2.3.2 塑胶面层、橡胶面层的厚度、拉伸强度及拉断伸长率按照 GB/T 14833 规定的检测规则和方法进行检测。

11.2.3.3 人造草坪阻燃性、重金属含量及力学性能按照 GB/T 20394—2013 规定的方法进行检测。

【条文释义】

1. 塑胶面层、橡胶面层的物理性能、有害物质含量、阻燃性等相关指标的检测方法在国家标准GB/T 14833《合成材料跑道面层》中进行了明确的规定，故应按照 GB/T 14833 给出的检测方法进行检测。
2. 人造草坪阻燃性、重金属含量及力学性能要求相关指标的检测方法在 GB/T 20394—2013《体育用人造草》进行了明确的规定，故应按照 GB/T 20394—2013 给出的检测方法进行检测。

【标准条文】

11.2.4 场地性能

11.2.4.1 现场检测场地性能，检测点随机选取在主要活动区域内，检测点数量如下：

a) 滑动性能、缓冲性能及垂直变形性能检测点不少于 5 个；

b) 平整度、球反弹及球滚动性能检测点不少于 10 个；

c）渗水性能检测点不少于3个；

d）坡度检测点选取在场地边线或端线上，每10 m一组进行检测，至少检测5组。

11.2.4.2　滑动性能、缓冲性能、垂直变形性能按照GB/T 19995.2规定的方法进行检测。

11.2.4.3　首选篮球及网球项目场地球反弹性能按照GB/T 19995.2规定的方法进行检测。

11.2.4.4　首选足球项目场地球反弹性能及球滚动性能按照GB/T 20033.3规定的方法进行检测。

11.2.4.5　渗水性能、坡度按照GB/T 20033.3规定的相应方法进行检测。

11.2.4.6　场地平整度按照GB/T 19995.2规定的方法，使用3 m直尺进行检测。

**【条文释义】**

1. 现场检测时，滑动性能、缓冲性能及垂直变形、平整度、球反弹及球滚动等性能选取点位要选择典型的位置，如木地板要选择龙骨上、龙骨间、弹性垫上等位置，网球场可选择端线附近、发球线与端线之间、中线两侧等位置。

   由于检测渗水性能可能会破坏场地面层，所以选点不宜过多，3～5个即可。

   首选足球项目场地坡度检测时，根据坡度方向每10 m一组进行检测。首选篮球、网球、羽毛球项目场地坡度检测时，根据坡度方向至少检测5个点。

2. 城市社区多功能公共运动场场地冲击吸收、滑动摩擦系数、垂直变形性能测试可按照GB/T 19995.2《天然材料体育使用要求及检验方法　第2部分：综合体育场馆木地板场地》给出的方法进行检测。
3. 首选篮球、网球项目场地球反弹性能测试可按照GB/T 19995.2给出的方法进行检测。
4. 首选足球项目场地球反弹、球滚动性能测试可按照GB/T 20033.3《人工材料体育场地使用要求及检验方法　第3部分：足球场地人造草面层》给出的方法进行检测。
5. 渗水性能、坡度按照GB/T 20033.3给出的方法进行检验。
6. 场地平整度按照GB/T 19995.2给出的方法进行检测，检测时将2 m靠尺改为3 m直尺。

**【标准条文】**

**11.3　体育项目器材**

11.3.1　查验各器材的质量合格证明。

11.3.2　现场感官检验安装情况。

**【条文释义】**

篮球架检验应符合GB 23176—2008《篮球架》的相关规定。

网球网和网球网柱应符合GB/T 20033.2—2005《人工材料体育场地使用要求及检验方法　第2部分：网球场地》相关规定。

足球门检验应符合QB/T 4291—2012《足球门柱和网》的相关规定。

羽毛球网及羽毛球网柱应符合QB/T 2758.1—2005《羽毛球网》和QB/T 2758.2—2005《羽毛球网柱》的相关规定。

排球网和排球网柱应符合QB/T 4290—2012《排球柱和网》的规定。

**【标准条文】**

> **11.4 围网设施**
>
> 现场感官检验,必要时使用长度测量仪器测量相关尺寸。

**【条文释义】**

围网建设完成后,应检查围网安装情况,用现场观察、感受、触摸等方式感受围网建设情况,并使用必要的长度测量,围网的建设成分,网眼大小,能否攀爬,是否抵抗足够的冲击等性能。

**【标准条文】**

> **11.5 照明系统**
>
> 现场感官检验,并按照 JGJ 153 规定的方法检测水平照度、照度均匀度及眩光指数。检测点布置以首选项目确定。

**【条文释义】**

照明系统的检测应按照 JGJ 153《体育场馆照明设计及检测标准》的相关要求检测照明系统。布点应以该体育场地的首选项目为主。

**【标准条文】**

> **11.6 标识系统及其他设施**
>
> 现场感官检验。

**【条文释义】**

标识系统现场检查时,首先检查相关标识是否齐全,是否设置在明显位置,标识内容是否满足 9.2 条要求。

**【标准条文】**

> **11.7 判定规则**
>
> 11.7.1 运动场各组成系统或设施的检测项目应按照相关检测标准判定规则的要求进行判定。
>
> 11.7.2 当各组成系统或设施均合格时,可判定该运动场合格。

**【条文释义】**

1. 城市社区多功能公共运动场地及器材检测后,其判定规则应优先使用本标准提出的要求。若本标准未对该项目提出判定规则,则应根据相应国家标准、行业标准的要求做出判定。
2. 当上述检查全部符合标准要求时,则可以判定该运动场地合格。

# 第三章

# 标准实施的问题与思考

## 一、多功能运动场的规划选址应注意考虑哪些因素

多功能运动场的规划选址时，应符合当地总体规划和体育设施的布局要求，讲求使用效益、经济效益、社会效益和环境效益。

1. 交通便利，便于利用城市已有的基础设施，无障碍设施应符合 GB 50763《无障碍设计规范》的要求。
2. 环境较好，场地选址应远离易燃、易爆和有毒有害的物品及化工工厂等。
3. 场地建设距离架空的高压电线的水平距离应不少于 8 m。
4. 场地建设距离地下管道、地下线路边缘的水平距离应不小于 2 m，距各类住宅的水平距离应不小于 8 m；尤其在农村社区中，应考虑远离可能产生滑坡、洪涝的地段和悬崖地区。
5. 场地建设地点应选择地势较高、平坦的地方，尽量避免地势低洼地段，如确实无更好的建设地点，在基础施工环节应重点做好场地的疏导排水工作，防止建成后泡水造成场地报废或影响场地使用。当场地设置有围挡设施时，宜高出周围地面 100 mm～200 mm，入口处宜设置成坡道。
6. 场地的方向可依据社区的规划用地、周围环境和场地地质条件等确定，应尽量将场地的长轴沿南北向布置。
7. 场地的选址应考虑噪声和灯光照明对周围环境的影响，宜采用树木、山丘等措施阻隔噪声；尽可能减少照明对周边的影响。
8. 应结合社区所在地的气候、自然地形、空间形状、建筑和周围环境、地域风貌与传统文脉等因素进行设置，并与社区的空间布局相结合，合理利用社区内的广场、绿地、花园等区域设置。少数民族地区可根据具体情况选择设置符合民族特点的运动项目。
9. 城市社区多功能公共场地的选址应考虑节能、节地、节水、节材和环境保护等方面的要求。

## 二、当规划用地不足时，可否考虑把多功能运动场建造在地下空间或空中（楼顶）用地？若选择上述用地建设场地，规划设计时应注意什么

当规划用地不足时，是可以将多功能运动场建造在地下空间或空中用地的，对大型城市或用地面积紧张的地区，该选址类型应当是首选，但在此类特殊用地区域设计时，更应该加强全面考虑。

当把多功能运动场建造在地下空间时，规划设计中应注意：

1. 排水系统。地下空间四周应设置截水沟，以防止外来水流淹没多功能运动场；多功能运

动场四周应设置排水沟，以避免通道及场地存在积水隐患。

2. 通风系统。由于地下空间是一个封闭的空间，几乎与外界环境隔绝，所以其内部存在着缺氧和一氧化碳中毒的危险。另外，因为周围介质，如地下水、裂隙水、施工水、生活水和人体散热等因素，相对温、湿度很高，利于细菌繁殖，不仅直接对人体造成伤害，还会使场地设施、设备、器材锈蚀，降低使用寿命。再加上空气流动不畅，激烈运动留下的刺激性味道难以挥发，在此环境下运动会直接引起身体的不适，甚至影响健康。这就需要通过通风设计来解除这一危险。

3. 防火设施。为了保证地下多功能运动场中人员的人身安全，防止因为火灾导致人员伤亡，消防设计问题必须放在首位。

4. 安全通道。为了确保人员、财产在遇有火灾情况下能安全有效地撤离和施救，减少人员伤亡和财产损失。

5. 照明系统。确保地下多功能运动场在使用过程中的光照度。

6. 换衣间与卫生间。为了方便运动者更换运动装备与解决生理需求。

当把多功能运动场建造在空中(楼顶)时，规划设计中应注意：

1. 强度评估。建造之前需要对建筑物本身的强度(地基或楼板的承重等)进行评估，如调出建筑物设计图进行分析。

2. 排水系统。建设时场地应设计一定的坡度(1%)，并在地势低的方向设置排水管道，保证雨水能从排水管道漏到楼下。

3. 避雷设施。保护空中(楼顶)多功能运动场地免受雷电破坏。

4. 防风设施。避免空中(楼顶)风力过大而影响多功能运动场的使用。

5. 防跌落设施。多功能场围网应至少设置运动场围网和楼顶边缘围网双层围网，避免运动者从空中(楼顶)跌落。同时，球类运动建议设置顶网，防止球从空中飞出。

6. 安全通道。应预留安全出口及标明安全出口路线。

7. 照明系统。确保运动场在使用过程中的光照度，由于建设在楼顶，照明系统应做好防光污染措施，确保灯光不会影响其他区域。

## 三、多功能运动场在组合场地项目时，最佳的数量组合不宜超过几种？常见的组合项目有哪些

1. 常见的项目组合，见表 3-3-1。

表 3-3-1　多功能场地常见项目组合

| 三种项目组合 | 两种项目组合 |
|---|---|
| 篮球+排球+羽毛球 | 篮球+足球 |
| 篮球+足球+羽毛球 | 篮球+排球 |
| 篮球+足球+排球 | 篮球+羽毛球 |
| 篮球+排球+网球 | 篮球+网球 |
| 篮球+排球+手球 | 足球+排球 |

续表 3-3-1

| 三种项目组合 | 两种项目组合 |
|---|---|
| 足球＋网球＋排球 | 足球＋羽毛球 |
| 足球＋门球＋排球 | 足球＋网球 |
| 足球＋排球＋曲棍球 | 足球＋门球 |
| 排球＋网球＋羽毛球 | 网球＋羽毛球 |

2. 以上任何运动场地项目组合，可根据实际情况配合以健身路径器材、益智棋类、健身步道功能，以满足群众多方面的健身需要。

## 四、城市社区多功能运动场的维护、保养、清洁是否有专人负责？维护注意事项有哪些

1. 管理。建议有专人对场地进行日常管理，负责场地使用登记，可在每天开场、闭场前进行基础设施检查，及时发现故障问题并反馈上级，以便第一时间安排维护维修。无条件的社区，建议派人每月对器材进行 2～3 次检查，并在场地留有相关人员联系方式，以便群众发现器材损坏时能够及时联系相关人员进行报备维修。
2. 清洁。场地普通清洁交给社区保洁即可。
3. 保养维护注意事项。

地面：及时清扫地上垃圾，在降雨较少时，应采用人工浇水方式清洗场地尘垢，尽可能避免高温时段进行场地清扫。对油污及时进行清洗处理，清洁时应避免有机溶剂的大面积使用，如需使用，应在使用后及时用大量的水冲洗；注意检查排水系统，避免排水堵塞以致长期积水；如遇冬天表面结冰，应防止用硬物除冰以防损坏地面材料，应待其自然融化。

围网：注意检查围网的拉丝是否有表皮脱落，围网立面弯曲变形，甚至拉网断裂等现象。

照明设施：是否都能正常启动，正常工作。

填充料：由于雨水冲刷、清扫、激烈运动等造成的填充料流失，应及时进行补充，保证场地始终处于最佳的运动状态。

其他设施：场地内的球架、球门、球网及健身器材等是否能正常使用。

## 五、多功能运动场地基础中增加弹性减震层的作用是什么

在运动场地基础中增加弹性减震层能够有效提高场地的性能要求，如冲击吸收、垂直变形、球反弹等运动性能，以便场地能够同时满足多种运动需求。其次弹性减震层的增加可以保证健身人群的安全及保护他们不受伤害，减少运动时产生的运动损伤和摔伤现象。对于多功能运动场地，其减震厚度应结合场地功能及其面层特点进行确定。

## 六、多功能运动场地的运动面层主要运动性能应采用何种检测方法进行验收？可以执行哪些标准

GB/T 14833—2011　合成材料跑道面层

GB/T 19995.1—2005　天然材料体育场地使用要求及检验方法　第1部分：足球场地天然草面层

GB/T 19995.3—2006　天然材料体育场地使用要求及检验方法　第3部分：运动冰场

GB/T 20033.2—2005　人工材料体育场地使用要求及检验方法　第2部分：网球场地

GB/T 20033.3—2006　人工材料体育场地使用要求及检验方法　第3部分：足球场地人造草面层

GB/T 22517.2—2008　体育场地使用要求及检验方法　第2部分：游泳场地

GB/T 22517.3—2008　体育场地使用要求及检验方法　第3部分：棒球、垒球场地

GB/T 22517.6—2011　体育场地使用要求及检验方法　第6部分：田径场地

GB/T 22517.10—2014　体育场地使用要求及检验方法　第10部分：壁球场地

GB/T 22517.11—2014　体育场地使用要求及检验方法　第11部分：曲棍球场地

TY/T 1002.1—2005　体育照明使用要求及检验方法　第1部分：室外足球场和综合体育场

JGJ 153—2016　体育场馆照明设计及检测标准

## 七、场地周围应设置哪些种类标识？主要用途和意义是什么

信息标识：是健身公园、社区环境和游人之间的沟通载体，在健身公园、社区中方便游人游览的公园、社区总平面图和景点分布示意图以及历史人文介绍等都是信息标识的范围，信息标识多以解释、陈述为特征，是游人与健身公园、社区景点之间无声交流的媒介，能起到宣传主题、陶冶情操、普及科学人文历史知识等社会教育的作用。

公共空间标识：健身公园、社区的公共环境服务功能，特色服务的介绍，可使游人能根据其空间到功能决定自己的进退，其内容主要包括重要场所的指示，周边道路情况、文化背景介绍、室内环境的服务功能示意。

方位指示标识：在任何一个公共场所，方向标识纯粹是从功能需求的角度为游人设置的。指示导向标识的位置安排实际上是健身公园、社区人流交通疏导系统的一项工作，它一般出现于两个或多个空间相互转换或交叉的地方，为游人指路。从宏观的角度来说，如果观景路线是线，那指示导向标识是线上面的一个个点。从空间设计的角度来说，指示导向标识无疑是营造和管理动态空间的一个比较不错的手段，有利于提高工作效率，提高服务水平，并且能促进人和空间之间的互动。

操作标识：是提高城市健身公园、社区多功能公共运动管理效率而设立的标识，例如，一些场所需要立牌介绍某些智能健身游戏规则，或指导使用者如何使用健身器材等。

禁止标识：社会管理需要一种有序性，为了社会公共的利益，设立必要的禁止标识，是保证社会秩序的有效措施，除了交通禁令标识外，在一些公共场所禁止大声喧哗，禁止吸烟、禁止步入、禁止使用、小心触电、禁止攀爬等标识，这些标识有些是具有法律意义的，有些是明示、告知、指令、劝告式的，能起到规范行为、预防事故、教育社会、保护公园、社区设施等制约作用。

文化宣传标识：为了体现一个环境的地域文化与精神状态，在一些环境中设置宣传标识，一部分标识涉及市民的行为规范，如"不能随地吐痰""请关心帮助残疾人"等，一部分标识是文化知识性的，如对一些文化遗址进行介绍、对一些植物进行标识等，文化宣传标识是公园、社区环境中普遍使用的一种识别形式。

## 八、如何考虑项目兼容性、功能性特点，在不同运动面层上设置不同运动项目？哪些运动项目必须尽可能在特定的运动面层上开展

多功能球场考虑在同种运动面层设置不同的运动项目，具体可参考如下材料的适用范围进行合理的搭配，场地功能可设置多样，但场地画线建议不超过3种运动项目，以保证场地画线的美观简洁，同时避免不同的画线对运动员和裁判员造成干扰。

1. 合成材料预制块(卷材)：适用于田径场、篮球场、排球场、足球场、门球场、乒乓球场、网球场、羽毛球场等。
2. 硅PU：适用于篮球场、排球场、田径场面层、网球场、羽毛球场等。
3. 内烯酸：适用于篮球场、排球场、网球场、羽毛球场、轮滑场等。
4. 人造草：田径场、篮球场、排球场、足球场、门球场、网球场等。
5. 天然草：田径场、足球场、门球场、网球场等。
6. 运动木地板(复合板)：篮球场、排球场、足球场、乒乓球场、羽毛球场、轮滑场等。
7. 水泥：篮球场、排球场、乒乓球场、网球场、羽毛球场、轮滑场、健身路径等。
8. 沥青：篮球场、排球场、乒乓球场、羽毛球场、轮滑场、健身路径等。
9. 土质：网球场、足球场、门球场等。

对于特定的运动项目应尽可能在特定的运动面层上进行，多功能场地地面材料的选型应以适合首选运动项目的特定面层材料为主。几种常用特定项目的面层材料推荐如下：

1. 足球场：室外宜选人造草或天然草，室内宜选运动木地板、丙烯酸、人造草、合成材料预制卷材等。
2. 篮球场：室外宜选合成材料预制块、硅PU等；室内宜选合运动木地板、预制合成材料块(卷材)。
3. 网球场：丙烯酸、红土地、硅PU、天然草坪、人造草。
4. 排球场：预制合成材料块(卷材)、硅PU、丙烯酸。

5. 羽毛球场：预制合成材料块（卷材）、硅 PU、人造草。

6. 门球场：人造草。

## 九、不同运动面层的多功能运动场事宜选择何种场地基础

目前，常用的运动场地面层有以下几种，随着科技进步，会有更多、更环保、更安全的运动场地面层出现，以满足人们不断增长的运动需求。

1. 聚氨酯面层（塑胶）：以聚氨酯高分子材料作为主要材料或主要黏结材料的弹性合成面层。

   田径场面层主要为聚氨酯面层，国际上常分为透水型和非透水型；国内常分为混合型、复合型和透水（气）型。

   适宜基础：沥青混凝土基础。

2. 丙烯酸面层：以丙烯酸为主要材料，适量加入石英砂，经多遍涂敷在场地基层。丙烯酸为水性涂料，环保性好，相对其他面层具有维护费用低、全天候、耐久性好的特点。

   丙烯酸面层主要用于网球场地，世界上许多网球赛事均使用丙烯酸面层的网球场地。

   适宜基础：沥青基础。

3. 丁苯橡胶面层（卷材）：产品由大型设备生产，质量易控制，但由于面层自身没有找平能力，对基层平整度要求严格。

   用于田径场地面层为预制卷材，每卷宽度 2.44 m，长度不小于 25 m，厚度 12 mm。

   适宜基础：沥青混凝土基础。

4. PVC 面层（悬浮地板）：主要以块状面层为主，也有做成卷材的，块状面层是以 PVC 为基材，添加改性材料、添加剂和颜料等材料，采用挤压成型生产的块状材料，通过现场铺装而成的场地面层。

   适宜基础：混凝土基础。

5. PVC、EVA 复合面层：复合类面层是根据各种高分子材料特性，由一层表面和单层或者几层弹性层粘压复合成型，可满足各种不同运动特性的要求。表面层为 PVC 材料，耐磨、防侵蚀，根据发泡形成不同弹性，底基层为加强整体性能的网状基材。

   塑胶 PVC 高分子复合类面层多用于排球、羽毛球、乒乓球等室内体育项目，根据近几年的发展趋势，室内的高水平竞赛，除了篮球外，均有专用的 PVC 复合类面层。

   适宜基础：室内混凝土基础。

6. 聚丙烯（人造草）面层：PP 材料为聚丙烯，是目前我国主要引进的产品或者草丝材料，PP 质地的柔软度好于 PE 材料，可以有效减少倒地摩擦引起的擦伤。PE 材料为聚乙烯，是我国早期引进的产品。

   人造草面层可以用于各种室内外体育项目，如足球、曲棍球、篮球、排球、田径等。

   适宜基础：渗水沥青摊铺面层。

7. 木地板面层：主要用于室内体育设施，可广泛适用于篮球、排球、羽毛球等体育活动，是

最常用的室内体育设施场地面层。但近几年来，除了篮球还使用木地板作为高水平赛事的场地面层外，像排球、羽毛球、手球、乒乓球的高水平赛事，均使用专用的高分子复合类面层，这类面层在赛事时临时铺设，赛后收起恢复木地板面层。

适宜基础：室内混凝土基础。

**8.** 天然草皮：又称为人工天然草皮，是一种人工种植的草皮，具有良好的环境协调性，以及运动特性，是一种用于正式比赛的场地面层。

可用于足球场、棒垒球场、橄榄球场、板球场和网球场等室外项目。

适宜基础：抗板结能力强的种植土。

## 附录一

# 体育产业发展“十三五”规划

## 前　言

“十三五”时期是全面建成小康社会决胜阶段，也是加快体育产业发展的重要时期。为统筹“十三五”期间体育产业的各项工作，充分发挥体育产业在建设健康中国、保障和改善民生、推进体育供给侧结构性改革、挖掘和释放消费潜力、增强经济增长新动能等方面的积极作用，根据党中央、国务院的总体部署和“十三五”时期我国体育产业发展面临的新形势、新任务、新要求，制定本规划。

## 一、“十三五”体育产业发展基础与面临形势

“十二五”时期是我国体育产业发展取得较大成绩的五年。在党中央、国务院的高度重视和正确领导下，体育产业发展乘势而上，为国民经济发展和全民健康发挥了重要作用。一是产业规模逐步扩大。2014 年全国体育产业总规模超过 1.35 万亿元，实现增加值 4 041 亿元，占当年国内生产总值的 0.64%，2011—2014 年体育产业增加值年均增长率为 12.74%，凸显出成为国民经济新兴产业的巨大潜力。二是产业体系日益健全。体育产业初步形成了以竞赛表演和健身休闲为驱动，体育用品为支撑，体育场馆、体育培训、体育中介、体育传媒等业态快速发展的良好态势。体育与科技、文化、传媒、健康、养老、旅游等相关行业日益融合。三是产业结构明显优化。体育用品业稳定增长，体育服务业比重逐步提升，体育产业呈现出多种经济成分并存，非公有制经济占据主体的格局。四是产业政策取得重大突破。2014 年10 月，国务院印发《关于加快发展体育产业　促进体育消费的若干意见》(国发[2014]46 号，以下简称《意见》)，明确了体育产业的地位，指明了发展方向。各级政府认真贯彻落实《意见》取得积极进展，为体育产业发展营造了良好环境。五是体育产业各项工作稳步推进。大型体育场馆运营管理改革创新取得突破，体育产业统计工作稳步推进，体育市场监管体系初步建立。体育产业“十二五”规划的目标基本实现，我国体育产业总体实力、产业覆盖面、社会参与度、市场认可度又上了一个大台阶。

总体上看，目前我国体育产业发展水平还不高，结构不尽合理；市场主体活力和创造力不强，产品有效供给不足，体育产业供给侧结构性改革亟待推进；公民体育健身意识不强，大众体育消费激发不够；市场在体育资源配置中的决定性作用尚未充分发挥；政策体系还不完善，体育产业公共服务水平有待加强，体育产业距离国民经济转型升级重要力量还有明显差距。

“十三五”时期，伴随着供给侧结构性改革的不断深入、科技革命和产业变革的不断发

展和“健康中国”战略的逐步实施，我国体育需求将从低水平、单一化向多层次、多元化扩展，体育消费方式将从实物型消费向参与型和观赏型消费扩展，体育产业将从追求规模向提高质量和竞争力扩展，体育产业必将迎来重大战略机遇。

## 二、总体要求

### （一）指导思想

全面贯彻党的十八大和十八届三中、四中、五中全会精神，按照“五位一体”总体布局和“四个全面”战略布局，牢固树立和贯彻落实创新、协调、绿色、开放、共享的发展理念，认真落实党中央、国务院决策部署，以增进人民福祉、提高健康水平为出发点和落脚点，以体育产业供给侧结构性改革为主线，以优化体育产业结构为重点，推动体育产业全面健康持续发展，不断满足大众多层次多样化的体育需求，提升幸福感和获得感，为经济发展新常态下扩大消费需求、拉动经济增长、转变发展方式提供有力支撑和持续动力。

### （二）基本原则

坚持改革引领。强化改革对体育产业发展的推动作用，以开放促改革，以改革促发展。大力推动政府简政放权、放管结合、优化服务，加强规划、政策、标准引导，着力破解社会资本投资体育产业的各种障碍。

坚持市场主导。处理好政府和市场的关系，充分发挥市场在资源配置中的决定性作用和更好发挥政府作用，加快构建统一开放、竞争有序的现代体育市场体系。

坚持创新驱动。充分激发各类市场主体的创新活力，引导各类主体在组织管理、建设运营、研发生产等环节创新理念和模式，提高服务质量，更好满足消费升级的需要。

坚持协调发展。积极推动体育与经济社会的协调发展，促进体育事业与体育产业协调发展，体育服务业与体育用品业全面发展，推动东、中、西部体育产业良性互动发展，区域体育产业协同发展。

### （三）发展目标

“十三五”期间，全面落实《意见》有关要求，为完成《意见》的目标打下坚实基础。初步构建结构合理、布局均衡、功能完善、门类齐全的体育产业体系，基本形成各种经济成分竞相参与、共同兴办体育产业的发展格局。体育供给更加丰富，体育消费不断扩大，体育产业保持快速增长，成为推动经济社会持续发展的重要力量。

——产业总量进一步增长。体育产业总规模超过3万亿元，从业人员数超过600万人。体育产业对国民经济的综合贡献率明显提升，产业增加值在国内生产总值中的比重达1.0％。

——产业体系进一步完善。体育产业各门类协同融合发展，产业组织形态更加丰富，产业结构更加合理，体育产品和服务供给充足，层次多样。体育服务业增加值占比超过30％。

——市场主体进一步壮大。涌现一批具有国际竞争力、带动性强的龙头企业和大批富有创新活力的中小企业、社会组织，形成一批特色鲜明的产业集群和知名品牌。建设50个国家体育产业示范基地，100 个国家体育产业示范单位，100 个国家体育产业示范项目。

——产业基础进一步夯实。体育场地设施供给明显增加，人均体育场地面积超过 1.8 平方米。居民参加体育健身意识和科学健身素养普遍增强，体育消费额占人均居民可支配收入比例超过 2.5%。

——产业环境进一步优化。体制机制活力进一步增强，体育产业的政策措施进一步完备，标准体系科学完善，监管机制规范高效，市场主体诚信自律。

## 三、主要任务

### （一）优化市场环境

完善市场体系。建立全国统一、开放、竞争、有序的体育市场，采取有效措施，切实破除行政垄断、行业垄断和地方保护，着力清除体育产业中妨碍形成全国统一市场和公平竞争的各种规定和做法。实施体育产业标准化建设工程，制定体育服务规范和质量标准，提高设施建设、服务提供、技能培训、人员资质、活动管理、器材装备等方面标准化水平，推动建立公平开放透明的体育市场规则。

激发市场活力。加快政府职能转变，大幅度削减体育活动相关审批事项，实施负面清单管理，促进空域水域开放。结合行政体制改革、体育行业协会改革，进一步开放体育资源，激发市场活力，推动产业融合，不断调动体育社会组织、行业协会商会和市场主体的积极性和创造力，向社会提供丰富多彩的体育产品和服务。

打造服务平台。着力打造体育用品、体育旅游和体育文化等展示平台。建立全国体育产业投资项目库，加强对体育产业项目的招商推介工作。加快全国性体育资源交易平台建设，推进赛事举办权、场馆经营权、无形资产开发权等资源公平、公正、公开流转。完善政府在体育产业领域的管理服务职能，积极为各类体育活动举办提供“一站式”服务。进一步完善体育政务发布平台和信息交互平台，加强事中事后监督。

### （二）培育多元主体

培育骨干企业。着力扶持、培育一批有自主品牌、创新能力和竞争实力的骨干体育企业。深化体育类国有企业改革，提升体育产业领域中国有资产的价值。引导有实力的体育企业实行跨地区、跨行业、跨所有制的兼并、重组、上市。鼓励体育优势企业、优势品牌和优势项目“走出去”。积极支持体育产业的海外并购，鼓励吸引国际性的体育组织、体育企业或体扶持中小微企业。全面落实国家扶持中小微企业发展的政策措施，通过政府采购、信贷支持、加强服务等多种形式扶持中小微体育企业发展，形成富有活力的中小微企业群体。鼓励各类中小微体育企业向“专、精、特、新”方向发展，强化特色经营、特色产品和特色服务。鼓励成立各类体育产业孵化平台，为体育领域的“大众创业、万众创新”提供良好环境。

培育体育社会组织。推进政社分开、管办分离，支持体育社会组织实体化运作，探索建立法人治理结构。进一步健全政府向体育社会组织购买体育服务的体制机制，鼓励各类体育社会组织承接公共体育服务。引导各级运动项目协会积极制定产业发展规划，完善产业组织，提高运动项目产业化发展水平。

（三）提升产业能级

调整产业结构。进一步优化体育服务业、体育用品业及相关产业结构，实施体育服务业精品工程、用品业升级工程和体育产业融合发展工程。支持打造一批优秀体育俱乐部、示范场馆和品牌赛事，着力提升体育服务业比重。提升体育用品业发展层次，引导体育用品企业向服务业延伸发展，形成全产业链优势。加快体育产业要素结构升级，培育专业人才、品牌、知识产权等高级要素。以足球、冰雪等重点运动项目为带动，通过制定发展专项规划、开展青少年技能培养、完善职业联赛等手段，探索运动项目的产业化发展道路。

完善产业布局。围绕“一带一路”、京津冀协同发展、长江经济带三大国家战略，合理规划布局全国体育产业发展。积极推进区域体育产业协同发展，加强京津冀、长三角、珠三角以及海峡西岸等体育产业圈建设。充分挖掘冰雪、森林、湖泊、江河、湿地、山地、草原、沙漠、滨海等独特的自然资源和传统体育人文资源，研制出台冰雪运动、山地户外运动、水上运动、航空运动等产业发展规划，重点打造冰雪运动、山地运动、户外休闲运动、水上运动、汽摩运动、航空运动、武术运动等各具特色的体育产业集聚区和产业带。

加强示范引领。完善国家体育产业基地管理方式，提升国家体育产业基地管理和服务水平，建成一批具有集聚效应和规模效应的体育产业基地。加强对体育产业联系点城市和单位的政策指导，督促相关地区和单位切实做好联系点组织实施工作，加快出台一批可复制、可推广的政策创新成果，为全国体育产业发展提供引导经验。拓宽体育服务贸易领域，在自由贸易试验区探索开展体育产业政策创新试点，培育一批体育服务贸易示范区。

促进融合发展。促进体育与文化、养老、教育、健康、农业、林业、水利、通航等产业的融合发展。大力发展体育旅游，制定体育旅游发展纲要，实施体育旅游精品示范工程，编制国家体育旅游重点项目名录。支持和引导有条件的旅游景区拓展体育旅游项目，鼓励国内旅行社结合体育赛事活动设计开发旅游项目和路线。推动体医结合，积极推广覆盖全生命周期的运动健康服务，发挥中医药在运动康复等方面的特色作用，发展运动医学和康复医学。

（四）扩大社会供给

加强场地设施建设。统筹体育设施建设规划和合理利用，适当增加体育设施用地和配套设施配建比例。充分利用公园绿地、城市空置场所、建筑物屋顶、地下室等区域，重点建设一批便民利民的健身场地设施，形成城市 15 分钟健身圈。结合智慧城市、绿色出行，规划建设城市慢行体系。充分挖掘水、陆、空资源，重点建设山地户外营地、徒步骑行服务站、自驾车房车营地、运动船艇码头、航空飞行营地等健身休闲设施。

丰富体育产品市场。以足球、路跑、骑行、棋牌等为切入点，加快发展普及性广、关注度高、市场空间大的运动项目；以冰雪、山地户外、水上、汽摩、航空、电竞等运动项目为重点，引导具有消费引领性的健身休闲项目发展；以武术、龙舟、舞龙舞狮等传统体育项目为引领，大力发展少数民族传统体育项目发展。

积极推动“互联网＋体育”。鼓励开发以移动互联网技术为支撑的体育服务，提升场馆预定、健身指导、交流互动、赛事参与、器材装备定制等综合服务水平。积极推动在线体育平台企业发展壮大，整合上下游企业资源，形成体育产业新生态圈。

（五）引导体育消费

深挖消费潜力。大力开展各类群众性体育活动，合理编排职业联赛的赛程，丰富节假日体育赛事活动供给，发挥体育明星和运动达人的示范作用，激发居民健身休闲消费需求。积极推行《国家体育锻炼标准》、业余运动等级以及业余赛事等级标准，增强项目消费黏性，提升健身休闲消费水平。加强体育市场需求和消费趋势预测研究，引导体育企业开发符合市场需求的体育产品和服务。以各类体育赛事活动为平台，加强资源营销，丰富体育消费文化内涵。

完善消费政策。支持各地建立体育消费个人或家庭奖励机制，鼓励有条件的地区面向特定人群或在特定时间发放体育消费券。加强与金融企业合作，创新体育消费支付产品，试点发行“全民健身休闲卡”，落实相关优惠政策，实施特惠商户折扣。引导保险公司根据体育运动特点和不同年龄段人群，开放场地责任保险、运动人身意外伤害保险。健全学校体育活动责任保险制度。

## 四、重点行业

（一）竞赛表演业

加强体育赛事评估，优化体育赛事结构，建立多层次、多样化的体育赛事体系。鼓励机关团体、企事业单位、学校等单位广泛举办各类体育比赛。探索完善赛事市场开发和运作模式，实施品牌战略，打造一批国际性、区域性品牌赛事。积极推进职业体育发展，鼓励有条件的运动项目走职业发展道路，努力培育和打造一批具有国际影响力的职业体育明星。加强足球、篮球、排球、乒乓球、羽毛球等职业联赛建设，全面提高职业联赛水平。

（二）健身休闲业

制定健身休闲重点运动项目目录，以户外运动为重点，研制配套系列规划，引导具有消费引领性的健身休闲项目健康发展。通过政府购买服务等方式，鼓励社会各种资本进入健身休闲业。贯彻落实《意见》关于新建居住区和社区配套建设体育健身设施的有关规定。支持体育健身企业开展社区健身设施的品牌经营和连锁经营。

（三）场馆服务业

积极推动体育场馆做好体育专业技术服务，开展场地开放、健身服务、体育培训、竞赛表演、运动指导、健康管理等体育经营服务。充分盘活体育场馆资源，采用多种方式促进无形资产开发，扩大无形资产价值和经营效益。支持大型体育场馆发展体育商贸、体育会展、康体休闲、文化演艺、体育旅游等多元业态，打造体育服务综合体。推进体育场馆通过连锁等模式扩大品牌输出、管理输出和资本输出，提升规模化、专业化、市场化运营水平。

（四）体育中介业

重视体育中介市场的培育和发展，积极开展赛事推广、体育咨询、运动员经纪、体育保险等多种中介服务，充分发挥体育中介机构在沟通市场需求、促进资源流通等方面的作用。优化体育中介机构的组织结构体系，逐步建立公司制、合作制、合伙制等多种经营形式并存

的格局，培育以专业体育中介公司和兼业体育中介公司为主的市场竞争主体。

### （五）体育培训业

大力发展各类运动项目的培训市场，培育一批专业体育培训机构。鼓励和引导各地积极开展国际合作，创办一批高水平的国际体育学校。鼓励学校与专业体育培训机构合作，加强青少年体育爱好和运动技能的培养，组织学生开展课外健身活动。加强不同运动项目培训标准的制定与实施，提高体育培训市场的专业化水平。

### （六）体育传媒业

大力开发群众喜闻乐见的体育传媒产品，鼓励开发以体育为主，融合文化、健康等综合内容的组合产品，积极支持形式多样的体育题材文艺创作。鼓励发展多媒体广播电视、网络广播电视、手机 APP 等体育传媒新业态。鼓励利用各类体育社交平台，促进消费者互动交流，提升消费体验。创新体育赛事版权交易模式，加强版权的开发与保护，鼓励和支持各类新兴媒体参与国内赛事转播权的市场竞争。

### （七）体育用品业

结合传统制造业去产能，引导体育用品制造企业转型升级，鼓励企业通过海外并购、合资合作、联合开发等方式，提升冰雪运动、水上运动、汽摩运动、航空运动等高端器材装备的本土化水平。支持企业利用互联网采集技术对接体育健身个性化需求，鼓励新型体育器材装备、可穿戴式运动设备、虚拟现实运动装备等的研发。支持体育类企业积极参与高新技术企业认定，提高关键技术和产品的自主创新能力，打造一批具有自主知识产权的体育用品知名品牌。

### （八）体育彩票

加快建立健全与彩票管理体制匹配的运营机制。加快体育彩票创新步伐，积极研究推进发行以中国足球职业联赛为竞猜对象的足球彩票。适应发展趋势，完善销售渠道，稳步扩大市场规模。加强公益金的使用管理绩效评价，不断提升体育彩票的社会形象。

## 五、主要措施

### （一）深化体制改革，增强发展活力

稳步推进体育场馆运营、单项体育协会和职业体育等领域改革。对行政机关和事业单位所属的体育场馆，通过引入社会资本和现代公司化运营机制等，推广“所有权属于国有，经营权属于公司”的分离改革模式。落实《行业协会商会与行政机关脱钩总体方案》，做好单项体育协会改革试点工作。制定和完善职业体育专项政策，鼓励和支持有条件的运动项目探索职业化发展道路。鼓励发展职业联盟，逐步提高职业体育的成熟度和规范化水平。

### （二）强化政策落地，完善政策体系

切实落实现行国家支持体育产业发展的税费价格、规划布局与土地政策，加大对政策执行的跟踪分析与监督检查。进一步与有关部门合作，研究推进体育产业发展的各项政策措施，完善体育产业政策体系。推动社会广泛关注的赛事转播、安保服务、场馆开放和产业

统计等政策创新。加强对竞赛表演、健身休闲等市场的引导以及高危险性体育项目的监管。

（三）加大财政金融支持，吸引社会投资

鼓励有条件的省市设立体育产业引导资金，优化资金使用方向、创新资金使用方式，提高资金使用效益。设立由政府引导、社会资本筹资的体育产业投资基金，鼓励各地政府引导设立地方体育产业投资基金。创新中央转移支付资金支持方向、优化资金支持项目，充分发挥转移支付资金的杠杆作用。推广运用政府和社会资本合作模式(PPP)，支持社会力量进入体育产业领域。发挥多层次资本市场作用，支持符合条件的企业上市。鼓励符合条件的企业发行企业债券，鼓励金融机构拓宽对体育企业贷款的抵押质押品种类和范围。

（四）注重人才培养，强化智力支撑

继续落实《全国体育人才发展规划(2010—2020)》，鼓励校企合作，培养各类体育经营策划、运营管理、技能操作等专业应用型人才。开展“体育产业创新创业教育服务平台”建设，帮助企业、高校、金融机构进一步有效对接。加强从业人员职业培训，提高体育健身场所工作人员的服务水平和专业技能。完善体育人才培养开发、流动配置、激励保障机制，支持退役运动员、教练员投身体育产业。加强体育产业人才培育的国际交流与合作，加强体育产业理论研究，建立国家体育产业智库体系。

（五）加强行业管理，推进基础工作

完善体育产业相关法律法规，结合《中华人民共和国体育法》的修订，完善其中体育产业的内容。加强体育产业行业协会建设，充分发挥行业协会在体育产业发展中的作用。加强体育产业统计工作，建立评价与监测机制，定期发布体育产业及体育消费数据。大力推进体育产业标准化工作，提高体育产业标准化水平。进一步完善体育行政部门的体育产业宏观管理职能，充实产业工作力量。加强体育行业社会信用体系建设，优化体育产业环境。

（六）加强组织领导，保障规划实施

建立体育、发展改革、财政等多部门合作的体育产业发展工作协调机制，及时分析解决体育产业发展的情况和问题，落实文化、旅游等相关政策惠及体育产业。各地要把体育产业纳入各级国民经济和社会发展规划，纳入政府重要议事日程，将体育产业工作作为衡量体育工作绩效的重要内容。各级体育行政部门要结合本地区实际，进一步明确“十三五”期间本地区体育产业发展的基本任务、工作目标和保障措施，准确把握工作重点，明确职责分工，做好各项政策措施的贯彻落实。要健全规划实施的督查落实机制，采取切实有效的措施，对本地区体育产业规划实施情况进行检查监督，确保“十三五”体育产业规划的顺利实施。

（文件来源：中华人民共和国国家发展和改革委员会网站）

## 附录二

# 室外健身器材配建管理办法

（体群字[2017]61号）

## 第一章　总　　则

**第一条**　为规范室外健身器材配建管理工作，切实保障群众合法的体育健身权益，根据《体育法》《政府采购法》《产品质量法》《公共文化体育设施条例》《全民健身条例》等法律法规，制定本办法。

**第二条**　本办法所称室外健身器材（以下简称“器材”），是指各级政府体育主管部门用财政性资金采购，配建在社区（行政村）、公园、广场等室外公共场所，供社会公众免费使用的健身器材。

**第三条**　国家体育总局对各地器材的配建工作进行指导和监管。

地方体育主管部门对本行政区域器材的配建工作进行指导和监管。

**第四条**　社区居委会、村委会、公园（广场）管理部门、机关、企业事业组织等接收器材的组织和单位（以下简称“器材接收方”），负责对配建在本组织和单位所辖区域内的器材进行日常管理。

**第五条**　器材配建工作应坚持因地制宜、保证质量、建管并重、服务群众的原则，并统筹考虑各类使用人群的特点，保障青少年、老年人和残疾人的健身需求。

## 第二章　采　　购

**第六条**　地方体育主管部门应结合当地公共体育设施建设规划和群众需求，在充分调研论证的基础上制定本行政区域器材配建和更新工作计划，根据工作计划组织开展器材采购。

**第七条**　需通过公开招标方式采购器材的，在招标评标中应采用综合评分法。

在采购中，对生产企业的诚信履约情况、生产技术水平、产品质量控制及售后服务能力应加强审核。

不得采购侵犯知识产权的产品。

**第八条**　所采购器材应符合下列要求：

（一）符合GB 19272－2011《室外健身器材的安全　通用要求》以及其他关于器材配建工作的国家标准；国家标准更新的，应执行最新标准；

（二）通过经国家认可的器材质量认证机构的产品质量认证；

（三）鼓励投保产品质量险和包含第三者责任险、意外伤害险的险种。

**第九条** 鼓励采购创新型器材，推动室外健身器材提档升级。在评标中，对生产工艺、使用材料、结构功能等具有创新的产品应给予适当加分。

**第十条** 器材中标、成交供应商（以下简称“供应商”）不得将中标和成交的器材分包给其他企业生产，或从其他企业购买器材代替本企业生产器材。

**第十一条** 所采购器材由采购方组织进行验收，并应有第三方质量监督检测机构等具备相应资质的专业技术力量参与。器材验收合格后方可配送安装。

**第十二条** 对器材验收工作以及供应商在器材配送安装和管理维护中的责任等事项，应在器材采购合同中予以明确。

## 第三章 安 装

**第十三条** 器材应配建在与其型号和数量相适应、日常管理有保障、器材使用不影响周边居民正常生活的场所、场地，并按照国家标准铺设缓冲层。

**第十四条** 供应商应在器材上设置使用说明标识牌，按照产品认证要求配置二维码等信息监管标识，对可能因使用不当造成人身伤害或造成零部件损坏的器材设置警示标志。

使用体育彩票公益金购置的器材，应按《体育彩票公益金资助项目宣传管理办法》在显著位置设置体育彩票资助标志。

**第十五条** 提供器材的体育主管部门应依法与器材接收方、器材供应商签订三方协议（以下简称“三方协议”），明确器材产权、管理维护要求以及器材种类、数量等事项。

器材由上级体育主管部门统一采购的，三方协议可由器材配建地县级体育主管部门与器材接收方、供应商签订。上级体育主管部门应与器材配建地体育主管部门明确有关权利义务。

**第十六条** 安装后的器材应由提供器材的体育主管部门组织进行安装验收，验收合格后方可交付使用。

上级体育主管部门统一采购后转移给下级再分配使用的器材，由器材配建地县级体育主管部门组织进行安装验收。

## 第四章 监 管

**第十七条** 国家体育总局委托第三方服务机构定期对各地配建的器材质量、器材安装、器材管理维护进行监督检查，并公布检查结果。

第三方服务机构按照国家有关政府购买服务的法律、法规，通过政府采购程序产生。

**第十八条** 地方体育主管部门应会同本级政府有关部门，定期组织开展本行政区域器材质量、安装、管理维护检查，协调督促供应商、器材使用方解决器材存在的问题。

**第十九条** 鼓励和支持社会体育指导员、志愿者参与器材质量监管和管理维护工作；充分发挥第三方专业公司在器材质量监管和管理维护方面的作用。

体育主管部门组织开展的体育管理干部和社会体育指导员知识技能培训，应包含器材

国家标准、质量监管和管理维护课程。

**第二十条**　器材质量认证机构应严格按照国家关于产品认证工作的法律法规开展器材质量认证，加强对参与质量审核认证人员的管理，充分发挥认证组织成员单位在质量认证现场审核、复核等方面的监督作用，对器材质量认证规则、标准、流程和获证企业器材质量认证报告有关内容进行公示，接受社会监督。

## 第五章　维修与拆除

**第二十一条**　处于保修期内的器材因其自身质量问题而损坏的，器材接收方应及时联系供应商，由供应商免费维修或更换。

**第二十二条**　超出保修期的器材由供应商负责维修，维修产生的费用问题应通过三方协议明确。

**第二十三条**　超过国家标准规定的安全使用寿命期的器材应予报废，由器材接收方拆除；对安全使用寿命期内的器材进行拆除，应在原址或择址配建同等数量的器材。

**第二十四条**　对于本办法第二十一条和二十三条所列事项，器材接收方应及时向提供器材的体育主管部门备案。

上级体育主管部门统一采购的器材，由器材配建地县级体育主管部门进行备案。

## 第六章　附　　则

**第二十五条**　本办法自发布之日起实施。

（文件来源：国家体育总局网站）

## 附录三

# “十三五”公共体育普及工程实施方案

（发改社会[2016]2850 号）

为提升公共体育普及水平，进一步满足人民群众日益增长的体育健身需求，提高中华民族身体素质，根据《中华人民共和国国民经济和社会发展第十三个五年规划纲要》《全民健身计划（2016—2020 年）》、《中国足球中长期发展规划（2016—2050 年）》和《全国足球场地设施建设规划（2016—2020 年）》，制定本方案。

## 一、实施背景

党和国家高度重视公共体育普及工作，把扩大体育服务有效供给作为满足群众体育健身需求的物质基础和必要条件。“十二五”期间，国务院陆续制定了《全民健身计划（2011—2015 年》《关于加快发展体育产业促进体育消费的若干意见》，有关部门组织实施《“十二五”公共体育设施建设规划》，出台了体育场馆运营管理、体育场馆税费优惠等相关文件。地方各级政府加大对公共体育服务设施投入，推动体育健身事业和体育产业发展，城乡公共体育服务设施得到明显改善，公共体育普及水平明显提高。截至 2015 年年底，我国人均体育场地面积达到 1.57 平方米，全国经常参加体育锻炼人数比例达到 33.9%，健康文明的生活方式正在形成。

但目前，我国公共体育普及程度仍然较低，服务设施未能满足群众快速增长的体育健身需求，具体表现在：一是总量不足，人均体育场地面积仍远低于日、韩等周边国家平均水平，特别是缺少便捷实用的体育健身设施。二是结构欠合理。城乡之间、区域之间设施数量和质量水平存在较大差异，中西部的一些农村地区、贫困地区普遍缺少体育设施；体育设施中大中型体育场馆占比较高，群众性健身场馆占比偏低。三是设施利用率不高，社会开放度不够。四是社会力量调动不足，投资主体单一，建设管理理念相对落后，专业运营管理人才比较缺乏。

加强公共体育服务设施建设，提高公共体育普及水平，不断满足人群民众日益增长的体育健身需求，是各级政府履行公共服务职能的重要内容，是贯彻落实《国民经济和社会发展第十三个五年规划纲要》和《全民健身计划（2016—2020 年）》的具体行动，对于提升国民身体素质和健康水平、增强全体人民获得感都具有重要意义。

## 二、指导思想和基本原则

### （一）指导思想

全面贯彻党的十八大和十八届三中、四中、五中、六中全会精神，深入贯彻习近平总书记系列重要讲话精神和治国理政新理念、新思想、新战略，坚持“五位一体”的总体布局和“四个全面”的战略布局，以创新、协调、绿色、开放、共享发展理念为引领，推动公共体育服务领域供给侧结构性改革，调动全社会力量共同参与，增加公共体育服务设施有效供给，增强公益性，提高普及性，为提高全民族身体素质，提升人民群众健康水平打下坚实物质基础。

### （二）基本原则

——科学布局，突出重点。以区域人口数量及分布、自然环境特点和现有体育设施资源为重要因素合理布局。加大对革命老区、民族地区、边疆地区、贫困地区的支持力度。

——实用适用，方便可及。整合资源，盘活存量，合理确定体育设施功能和规模，积极建设群众身边的体育设施，方便城乡群众就近参加体育健身活动，提高公共体育普及性。

——地方为主，中央引导。坚持地方主体责任，切实履行好提供基本公共服务职能，加大对公共体育服务设施建设的投入力度。中央资金通过明确支持范围、补助方式、补助标准，发挥规范引导作用。

——创新机制，持续发展。激发活力，鼓励社会力量参与举办和运营公共体育服务设施。建管并重，强化运行管理，切实提高公共体育服务设施综合利用率。

## 三、建设目标和任务

### （一）建设目标

到 2020 年，人均体育场地面积达到 1.8 平方米，形成布局合理、覆盖面广、类型多样、普惠性强的公共体育服务网络，各类体育设施的利用率有较大提升，基本满足群众体育健身需求。

——提高县级公共体育场、全民健身中心、基层体育健身设施覆盖率；

——每万人拥有足球场地 0.5 块，有条件的地区达到 0.7 块以上；有条件的地区具备开展冰雪运动的能力。

### （二）建设任务

——改造新建社会足球场地 2 万块。除少数山区外，每个县级行政区域至少建有 2 个社会标准足球场地（含县级公共体育场内足球场），有条件的城市新建居住区应建有 1 块 5 人制以上足球场地，老旧居住区也要创造条件改造建设小型多样的场地设施。

——支持尚无公共体育场的县（市、区）建设县级公共体育场标准田径跑道和足球场。

——支持能够开展球类、武术、体操、游泳等单项或多项体育健身活动，且不设固定看台的中小型全民健身中心建设。

——支持农民体育健身工程项目建设，建设内容包括灯光篮球场、乒乓球场等室外健身场地，并配备室内健身器材。

——支持社区多功能运动场建设，建设内容包括多功能健身场地、灯光球场、拼装式游泳池、健身步道、室内外健身器材等。

——鼓励有条件的地区建设滑冰场、滑冰馆和滑雪场，广泛动员社会力量，加快冰雪运动发展和普及。

## 四、建设方式和资金来源

（一）建设方式

——综合利用。立足整合资源，充分利用体育中心、公园绿地、闲置厂房、校舍操场、社区空置场所等，拓展公共体育服务设施场地。

——改造提升。立足改善质量，对农村简易场地设施进行改造，支持有条件的城市社区改善场地设施水平，适度增加健身休闲区域，为市民休闲空间进一步扩容。

——新建扩容。立足填补空白，将公共体育场地设施建设纳入城乡规划、土地利用总体规划和年度用地计划，合理布局布点，在缺乏体育场地的城乡社区加快建设一批公共体育服务设施。

（二）资金筹措

方案建设的公共体育服务设施资金包括中央预算内投资、体育彩票公益金、地方财政性资金、社会投入等。

1. 中央预算内投资支持内容。对社会足球场地、新建县级公共体育场中标准田径跑道和足球场，以及采用PPP、公建民营等方式建设的全民健身中心项目予以专项补助。国家发改委将根据国家财力状况统筹安排中央预算内投资积极予以支持。同时，根据各地项目执行等情况，对真抓实干、成效明显的省（区、市），实施激励支持措施，在安排中央预算内投资时加大补助力度。除中央预算内投资外，地方、项目单位等要发挥主体责任加大投入，加强方案组织实施。

2. 体育彩票公益金支持内容。留归各级体育主管部门使用的彩票公益金，需根据国家有关规定，增加对公共体育服务设施建设的投入，并加强监督管理。国家体育总局安排本级体育彩票公益金，主要用于支持建设中小型全民健身中心，实施农民体育健身工程和建设一批社区多功能运动场。对真抓实干、重视体育基本公共服务的县（市、区），实施激励支持措施。

3. 地方财政性资金支持内容。地方各级人民政府要按照《全民健身条例》等法规要求，将公共体育设施建设纳入本地区国民经济和社会发展规划，切实增加财政投入，保障公共体育设施运行所需经费，确保建设项目不产生资金缺口。

4. 鼓励社会力量建设体育设施。鼓励企业、个人和境外资本投资建设、运营各类体育场地，支持社会力量捐资建设公共体育服务设施，各地要采取公建民营、民办公助、委托管理、PPP和政府购买服务等方式予以支持。

（三）项目遴选条件

1. 中央预算内投资支持项目应参考《关于编报2016年公共体育服务设施建设中央预算内投资项目建议方案的通知》（发改办社会[2016]0597号）附件《公共体育场地建设参考指南》的要求实施。

2. 体育彩票公益金支持项目应按照《县级全民健身中心项目施办法》（体群字[2016]112号）、《体育总局办公厅关于2016年中央集中彩票公益金转移支付地方支持全民健身设施建设有关事宜的通知》（体群字[2015]174号）附件的要求实施。

（四）补助标准

1. 中央预算内投资补助标准。

——足球场地设施：对每个11人制标准足球场地，原则上，按照平均总投资300万元测算，中央预算内投资对西部、中部、东部地区按平均总投资的80%、60%、30%予以补助。对其他制式足球场地、改造项目，按上述比例执行，中央预算内投资补助控制在30万～50万元。

——新建县级公共体育场中标准田径跑道和足球场：原则上，按照平均总投资600万元测算，中央预算内投资对西部、中部、东部地区按平均总投资的80%、60%、30%补助。项目名称务必以“县级公共体育场标准田径跑道和足球场”申报，并按此批复。

——全民健身中心：中央预算内投资对采用PPP、公建民营等方式建设的全民健身中心项目予以补助，建设规模应为2 000 $m^2$～4 000 $m^2$，对建设规模不符合项目不予支持。原则上，按照平均总投资600万元测算，中央预算内投资对西部、中部、东部地区按平均总投资的80%、60%、30%予以补助。

以上，对低于平均总投资的项目按照实际投资，原则上给予上述相应比例补助；对高于平均总投资的项目，超出部分投资请各地自行配套解决。对于新疆南疆地区、西藏、四省藏区、享受中西部待遇等政策地区的项目按有关规定执行。

2. 体育彩票公益金补助标准。中小型全民健身中心每个项目资助不超过800万元，农民体育健身工程项目每个资助不超过50万元，社区多功能运动场中的拼装式游泳池项目每个资助不超过100万元，其他项目每个资助不超过30万元。

## 五、运行管理

——加强开放利用。坚持以公益性为导向，政府投资兴建的公共体育设施应免费或低收费向社会开放。充分利用城市公园、郊野公园、公共绿地及城市空置场所等建设公共体育设施并免费、低收费开放。通过政府购买服务等方式引导营利性场地设施为群众体育健身服务。鼓励社会健身、职业俱乐部以适当形式开放场地，提供公益性群众体育健身服务。

——鼓励社会化运营。对中央补助投资建设的公共体育服务设施，鼓励采取“委托管理”等方式，运用竞争择优机制选定各类专业化的社会组织或企业运营。地方有关部门在招标之前，应合理确定公共体育服务设施的服务范围、开放时间和主要服务收费价格等，确保公共体育服务设施的公益性质，并将有关内容向社会公示。对由企业负责运行管理的项目，应签订公益性条款，对项目产权性质、设施用途和投资收益使用进行规范，以确保设施公益性质。

——开展健身指导。依托各类体育设施，广泛组织开展多种形式的群众性体育活动和赛事，建立健全体质测定与运动健身指导网络，为群众进行体质检测、体制健康评价，提供科学健身指导，宣讲科学健身知识。

## 六、保障措施

（一）加强组织领导

各地要将提升公共体育普及型作为重要民生工程，纳入当地国民经济和社会发展规划、城乡建设规划和土地利用规划。地方体育部门负责本地区公共体育服务设施建设运行的监督管理。各省发展改革、体育部门要会同有关部门，密切配合，加强分工协作，编制本地区实施方案。国家发改委、体育总局负责本方案中央预算内投资支持项目的组织实施和监督检查，体育总局负责体育彩票公益金支持项目的组织实施和监督检查。

（二）严格项目管理

按照《国家发展改革委关于加强政府投资项目储备编制三年滚动投资计划的通知》（发改投资[2015]2463 号）、《国家发展改革委办公厅关于使用国家重大建设项目库加强项目储备编制三年滚动投资计划有关问题的通知》（发改办投资[2015]2942 号）要求，做好与三年滚动投资计划的衔接，并录入重大建设项目库，对不符合条件的项目不列入年度投资计划。严格执行项目法人责任制、招标投标制、工程监理制和合同管理制等建设管理的法律法规，加强设施建设监管，项目配套资金应足额及时到位，保证建设质量。

（三）落实支持政策

各地要建立稳定的公共体育设施建设投入保障机制，对公共体育设施日常运行和维护给予经费补助。落实体育设施建设和运营税费减免政策，执行好水、电、气、热等方面的价格政策。确保建设用地供给，严格落实居住区公共服务设施配置指标有关规定，确保群众健身类公共体育设施与新建、改扩建住宅小区同步建设、同步验收，及时交付使用。已建成住宅小区无公共体育设施，或现有设施未达到方案建设标准要求，具备条件的，要通过改造等方式予以完善。拓宽投融资渠道，支持社会资本建设体育设施。加强公共体育服务设施运营和管理人才培养。

（四）强化监督检查

各地要建立项目动态监督检查机制，确保建设质量。要加大信息公开力度，实施方案公开、年度投资计划公开。要加强项目过程管理。各地要加强项目竣工验收，适时将年度投资计划竣工验收情况上报。国家发展改革委、体育总局将按照职责分工和有关规定加强项目督查，及时总结各地实施情况。

附件：《“十三五”公共体育普及工程实施方案（中央预算内投资）项目和资金管理办法》

附件

# “十三五”公共体育普及工程实施方案（中央预算内投资）项目和资金管理办法

## 第一章 总 则

**第一条** 为规范“十三五”公共体育普及工程实施方案（以下简称“方案”）项目和资金管理，加强组织实施，提高中央预算内投资使用效益，依据国家有关法律法规和《中央预算内投资补助和贴息项目管理办法》（国家发展和改革委员会令第 45 号，以下简称“45 号令”）等要求，制定本办法。

**第二条** 方案实施期限为 2016—2020 年，方案采取滚动实施，逐年安排的方式，并可根据中央预算内投资安排情况和项目执行情况展期实施。

**第三条** 方案覆盖范围包括各省、自治区、直辖市及计划单列市，新疆生产建设兵团，黑龙江省农垦总局（以下简称“各省”）。

**第四条** 方案旨在加快建设便民利民的公共体育服务设施，推动公共体育服务领域供给侧结构性改革，提升公共体育普及性，满足人民群众日益增长的体育健身需求，提高中华民族身体素质和健康水平，增强全体人民获得感。

## 第二章 管理职责和工作程序

**第五条** 国家发展改革委、体育总局负责编制实施方案、制定方案项目和资金管理办法、组织实施和监督检查。各省发展改革部门会同体育部门编制本地区实施方案。

**第六条** 各地方发展改革会同体育部门根据实施方案要求，及时将符合条件的项目纳入三年滚动投资计划，列入国家重大建设项目库。

**第七条** 各省发展改革部门会同体育部门上报年度资金申请报告，国家发展改革委会同体育总局审核各省资金申请报告，国家发展改革委按建设程序切块下达年度投资计划，各省发展改革部门须在收文后 20 个工作日内将中央预算内投资分解安排到具体项目，并分解下达投资项目计划，报国家发展改革委备案，并抄报体育总局。

**第八条** 各省发展改革部门是落实分解下达投资项目计划的责任主体，在分解下达投资项目计划时，要明确项目建设地点、建设规模、建设工期，以及省、市、县等各级配套投资比例和数额，并确保项目已按规定履行完成各项建设管理程序。投资项目计划一经下达，原则上不再调整。执行过程中确需调整的，各省发展改革部门做出调整决定并报国家发展改革委备案。各省发展改革部门将中央预算内投资安排到具体项目的权力不得下放。

**第九条** 地方发展改革部门、体育部门要切实履行职责，做好方案实施各方面工作。

地方体育部门要加强项目建设和运营管理，确保建设质量及建成后规范运行，发挥建设效益。

## 第三章 项目遴选原则

**第十条** 项目遴选范围包括：

（一）社会足球场地建设和改造项目。

（二）新建县级公共体育场标准田径跑道和足球场建设项目。

（三）采取 PPP、公建民营等方式建设的全民健身中心项目。

**第十一条** 项目遴选基本条件包括：

（一）项目要符合事业发展需要，符合城乡规划、土地利用总体规划要求，与当地人口、土地、环境、交通等实际状况相适宜，选址布局科学合理。

（二）项目建设必须符合国家有关法律法规要求，执行环境保护、节约土地、安全管理、节约能源等有关方面的规定。

（三）项目要符合“45 号令”以及中央投资管理的有关规定，落实前期工作条件，配套资金足额落实。

（四）项目要按照《国家发展改革委关于加强政府投资项目储备编制三年滚动投资计划的通知》（发改投资[2015]2463 号）和《国家发展改革委办公厅关于使用国家重大建设项目库加强项目储备 编制三年滚动投资计划有关问题的通知》（发改办投资[2015]2942 号）要求，做好与三年滚动投资计划的衔接，并录入重大建设项目库。不符合上述条件的项目，不列入年度投资计划。

## 第四章 项目建设要求和补助标准

**第十二条** 建设要求应参考《国家发展改革委办公厅 国家体育总局办公厅关于编报 2016 年公共体育服务设施建设中央预算内投资项目建议方案的通知》（发改办社会[2016]597 号）“附件 1：《公共体育场地建设参考指南》”要求。

**第十三条** 补助标准。

（一）足球场地设施：对每个 11 人制标准足球场地，原则上，按照平均总投资 300 万元测算，中央预算内投资对西部、中部、东部地区按平均总投资的 80％、60％、30％予以补助。对其他制式足球场地、改造项目，按上述比例执行，中央预算内投资补助控制在 30 万～50 万元。

（二）新建县级公共体育场中标准田径跑道和足球场：原则上，按照平均总投资 600 万元测算，中央预算内投资对西部、中部、东部地区按平均总投资的 80％、60％、30％补助。

（三）全民健身中心：中央预算内投资对采用 PPP、公建民营等方式建设的全民健身中心项目予以补助。原则上，按照平均总投资 600 万元测算，中央预算内投资对西部、中部、东部地区按测算总投资的 80％、60％、30％予以补助。

原则上，对低于平均总投资的项目，按照项目实际投资给予相应比例的补助；对高于平均

总投资的项目，超出部分投资由各地自行解决。建设规模不符合要求的项目不得纳入方案。对于新疆南疆地区、西藏、四省藏区、享受中西部待遇等政策地区的项目按有关规定执行。

## 第五章　资金安排原则

**第十四条**　方案建设投资由中央和地方共同筹措解决，国家发展改革委和体育总局统筹考虑各地人口规模、经济发展状况、县级行政区划等因素，结合各地公共体育服务设施现状及建设需求，予以中央预算内投资补助。同时，根据各地项目执行等情况，对真抓实干、成效明显的省（区、市），实施激励支持措施，在安排中央预算内投资时给予倾斜支持。地方政府要强化支出责任，加强财力统筹，确保投资到位。

**第十五条**　中央预算内投资向革命老区、民族地区、边疆地区、贫困地区倾斜，促进困难地区体育事业发展。

**第十六条**　年度投资计划切块下达的方式分配到各省。

## 第六章　监 督 管 理

**第十七条**　项目所属地方政府要对项目的投资安排、项目管理、资金使用、实施效果负总责，应当加强项目的监督管理，采取事前、事中、事后相结合的方式，对项目建设资金使用实施全过程监督管理。

**第十八条**　建设项目要严格执行项目法人责任制、招标投标制、工程监理制和合同管理制等建设管理法规，项目设计单位和施工单位必须具有相应资质，做到公平、公正、公开、透明。各地要加强项目竣工验收，适时将年度投资计划竣工验收情况上报国家发展改革委和体育总局。

**第十九条**　项目资金使用管理要严格执行国家有关法律、行政法规和财务规章制度，应当遵循专款专用原则，严禁挤占、挪用和截留，确保安全有效。

**第二十条**　地方发展改革和体育部门要在当地政府领导下，切实做好组织协调工作，及时落实年度投资计划，要定期对项目的管理、质量、进度、资金使用情况等进行监督检查，及时解决建设过程中存在的问题，确保建设项目保质保量如期完成。国家发展改革委和体育总局适时对方案执行情况进行监督检查。

**第二十一条**　各省发展改革和体育部门要做好年度投资计划与国家重大项目建设库的衔接，按照通过投资项目在线审批监管平台（重大建设项目库模块），每月 10 日前要通过重大建设项目库，对项目实行按月调度，及时填报项目开工情况、投资完成情况、工程形象进度等数据。

**第二十二条**　对有下列行为之一的建设项目，可以责令其限期整改，核减、收回或停止拨付投资补助，暂停其申报中央投资补助项目，并视情节轻重提请或移交有关机关依法追究有关责任人的行政或法律责任：

（一）提供虚假情况，骗取投资补助资金的；

（二）转移、侵占或者挪用投资补助资金的；

（三）擅自改变主要建设内容和建设标准的；

（四）项目建设规模、标准和内容发生较大变化而不及时报告的；

（五）无正当理由未及时建设实施的；

（六）拒不接受依法进行的稽察或者监督检查的；

（七）未按要求通过在线平台报告相关项目信息的；

（八）其他违反国家法律法规和"45 号令"相关规定的行为。

## 第七章　附　　则

**第二十三条**　本办法由国家发展改革委、体育总局负责解释。

**第二十四条**　本办法自发布之日起执行，有效期为 5 年。

（文件来源：中华人民共和国国家发展和改革委员会网站）

## 附录四

# 各省、市、自治区关于“社区多功能公共运动场”地方政策条款摘要

| 序号 | 省市、自治区 | 相关政策 | 相关条款 |
| --- | --- | --- | --- |
| 1 | 北京市 | 北京市人民政府关于加快发展体育产业促进体育消费的实施意见(京政发[2015]36号) | 推动公共体育设施建设和开放利用。严格落实本市居住公共服务设施配置指标有关规定,加快建设一批便民利民的中小型体育场馆、公众健身活动中心、户外多功能球场、健身步道等设施,打造“15分钟健身圈”。<br>鼓励社会力量建设小型化、多样化活动场所和健身设施,鼓励可拆装式游泳池、可拆装式体育场馆等体育设施建设。<br>严格落实本市居住公共服务设施配置指标有关规定,确保群众健身类公共体育设施与新建、改扩建住宅小区同步建设、同步验收,及时交付使用。已建成住宅小区无公共体育设施,或现有设施未达到规划建设标准要求,具备条件的,要通过改造等方式予以完善 |
| | | 北京市人民政府关于印发《北京市全民健身实施计划(2016—2020年)》的通知(京政发[2016]61号) | 推进健身场地设施建设。严格落实本市居住公共服务设施配置指标有关规定,确保新建住宅小区配建全民健身设施与住宅建设同步实施、同步验收、同步交付使用。新建篮球、乒乓球、门球等健身场地650片,加快建设一批群众身边的公众健身活动中心、户外多功能球场、健身步道等设施,形成满足群众日常健身需求、以“15分钟健身圈”为基础的全民健身设施网络。鼓励社会力量建设小型化、多样化活动场所和健身设施。<br>将科学健身融入社区养老服务驿站服务内容,建设公益性老年健身体育设施,支持社区因地制宜,利用各类公共服务设施组织开展适合老年人的体育健身活动 |
| 2 | 天津市 | 天津市人民政府关于加快发展体育产业促进体育消费的实施意见(津政发[2015]18号) | 完善体育设施建设。各区县达到一场(体育场)、一池(游泳馆)、一馆(体育馆)、一中心(全民健身活动中心)和一公园(体育公园)的“五个一”建设标准,建成“15分钟健身圈”。建成200个突出足球项目的综合性社区多功能运动场。<br>政府以购买服务等方式,鼓励社会力量建设小型化、多样化健身活动场所和健身设施。<br>新建居住区和社区应按相关的国家、行业标准及DB/T 29-7—2014《天津市居住区公共服务设施配置标准》配置群众健身相关设施,确保我市新建居住区群众健身相关设施配套达到室内人均建筑面积0.1平方米以上或室外人均用地0.3平方米以上 |

续表

| 序号 | 省市、自治区 | 相关政策 | 相关条款 |
| --- | --- | --- | --- |
| 2 | 天津市 | 天津市人民政府关于印发天津市全民健身实施计划（2016—2020年）的通知（津政发[2016]24号） | 全民健身公共服务体系日趋完善，健身设施明显增加，城市社区体育设施“15分钟健身圈”初步形成，体育场地面积达到人均2.28平方米以上，城市社区、乡镇行政村基本公共体育设施实现全覆盖。<br>推进体育设施规划建设。出台全市公共体育设施空间布局规划，统筹建设全民健身场地设施，促进基本公共体育服务均等化。加大投资力度，着力构建市、区、街镇、社区（村）四级全民健身设施网络，打造城市社区“15分钟健身圈”。完善区级“五个一工程”建设，使每个区达到拥有一个体育场、一个体育馆、一个游泳馆、一个全民健身活动中心、一个体育公园的基本要求。推进街道乡镇级全民健身活动中心建设，形成一批便民利民中小型体育健身场馆，在社区（村）新建200个多功能运动场，更新和配建3 000个社区（村）健身园，实现社区（村）基本公共体育设施全覆盖。<br>扩大社区增量健身设施资源。新建居住区和社区严格执行国家规定的“室内人均建筑面积不低于0.1平方米或室外人均用地不低于0.3平方米”配建全民健身设施的规划标准，确保与住宅区主体工程同步设计、同步施工、同步验收、同步投入使用。老社区场地设施未达标的，要因地制宜配建全民健身场地设施。充分利用旧厂房、仓库、老旧商业设施和空闲地等闲置资源，改造建设全民健身场地设施 |
| 3 | 河北省 | 河北省人民政府关于加快发展体育产业促进体育消费的实施意见（冀政发[2015]27号） | 加强体育基础设施建设。各级政府要把体育设施建设纳入城镇化发展规划，完善省、市、县（市、区）、乡（镇、街道）、村（居民小区）五级体育场馆（地）设施网络。进一步加大投入，到2025年，每个设区市都要建成一座高标准的体育中心和全民健身中心，同时建设一批户外多功能球场、健身骑行步道等健身设施。<br>新建居住区和社区，要按室内人均建筑面积不低于0.1平方米或室外人均用地不低于0.3平方米标准配套健身设施，并与住宅区主体工程同步设计、同步施工、同步投入使用。凡老城区与已建成居住区无健身设施的，或现有设施达不到要求的，要通过改造予以完善 |
|  |  | 河北省人民政府关于印发河北省全民健身实施计划（2016—2020年）的通知（冀政发[2016]43号） | 制定场地设施规划。科学研制各级场地设施建设规划，明确中短期建设任务，精准对接百姓健身需求，统筹推进城乡全民健身设施网络建设。<br>构建四级设施网络。围绕建设城市社区“15分钟健身圈”，着力推进全民健身活动中心、县级体育场、笼式足球场、拼装式游泳池、社区多功能运动场、体育公园广场等的建设；继续实施乡镇工程和农民体育健身工程，制定体育生活化街道（乡镇）和社 |

续表

| 序号 | 省市、自治区 | 相关政策 | 相关条款 |
|---|---|---|---|
| 3 | 河北省 | 河北省人民政府关于印发河北省全民健身实施计划（2016—2020年）的通知（冀政发[2016]43号） | 区（村）建设标准，每年命名一批体育生活化街道（乡镇）和社区（村），不断改善农村健身条件和环境，努力构建市、县、乡、村四级全民健身设施网络。<br>有效扩大增量资源。新建居住区和社区严格落实按“室内人均建筑面积不低于0.1平方米或室外人均用地不低于0.3平方米”标准配建全民健身设施的要求，确保与住宅区主体工程同步设计、同步施工、同步验收、同步投入使用，不得挪用或侵占。老城区与已建成居住区无全民健身场地设施或现有设施未达到规划建设指标要求的，要因地制宜配建全民健身设施。<br>加强场地设施维护。完善公共体育设施使用规范、安全管理、更新维护等办法，切实做好已建场地设施的使用、管理与升级换代，确保健身群众使用安全 |
| 4 | 山西省 | 山西省人民政府关于加快发展体育产业促进体育消费的实施意见（晋政发[2015]32号） | 各级人民政府要结合城镇化发展统筹规划体育设施建设，合理布点布局，重点建设一批便民利民的中小型体育场馆、公众健身活动中心、户外多功能球场、健身步道、自行车专道等场地设施。<br>在设区的市的城市社区建设“15分钟健身圈”，县城的社区建设“10分钟健身圈”，新建社区的体育设施覆盖率达到100%。<br>严格审批程序和执法监督，确保新建居住区和社区要按相关标准规范配套群众健身相关设施，按室内人均建筑面积不低于0.1平方米或室外人均用地不低于0.3平方米的标准配置体育设施，并与住宅区主体工程同步设计、同步施工、同步投入使用。凡老城区与已建成居住区无群众健身设施的，或现有设施没有达到规划建设指标要求的，要通过改造等多种方式予以完善 |
| | | 山西省人民政府关于印发山西省全民健身实施计划（2016—2020年）的通知（晋政发[2016]52号） | 编制各级全民健身场地设施建设规划，重点建设一批便民利民的中小型体育场馆，建设县级体育场、全民健身活动中心、社区多功能运动场等类型的场地设施。结合各地实际，继续推动实施全民健身“6565四级工程”建设。鼓励场地设施公建民营的建设运营方式，鼓励社会资本参与体育场馆建设与运营，支持社会力量建设小型、多样的运动场地设施。在设区市的城市社区建设“15分钟健身圈”，县城的社区建设“10分钟健身圈”。<br>实现市、县全民健身活动中心覆盖率超过70%，城市街道、社区、乡（镇）室外健身设施建设覆盖率超过80%。<br>支持社区利用公共服务设施和社会场所组织开展适合老年人的体育健身活动，为老年人健身提供科学指导。<br>“6565四级工程”：市级“6个一”工程：建有一个综合体育场、一个综合体育馆、一个游泳馆（多元投入）、一个大中型全民健身活动中心、一个全民健身户外活动基地、一个国民体质监测中 |

续表

| 序号 | 省市、自治区 | 相关政策 | 相关条款 |
| --- | --- | --- | --- |
| 4 | 山西省 | 山西省人民政府关于印发山西省全民健身实施计划（2016—2020年）的通知（晋政发[2016]52号） | 心；县级“5个一”工程：建有一个标准体育场、一个体育馆、一个中小型全民健身活动中心、一个体育公园（或健身休闲基地）、一个国民体质监测中心；乡级“6个一”工程：建有一个健身组织网络（文体站、体育协会、体育俱乐部）、一个全民健身活动广场（多功能活动室或多功能运动场）、一批晨（晚）练点、一支社会体育指导员队伍、一个特色体育项目、一个国民体质监测站。村级“5个一”工程：建有一个健身组织网络（体育队伍、体育俱乐部）、一个适合农村（社区）特点的体育场地设施、一个传授体育技能的社会体育指导员（组）、一个群众喜闻乐见的体育项目、一套体育活动和设施管理的长效机制 |
| 5 | 内蒙古自治区 | 内蒙古自治区人民政府关于加快发展体育产业促进体育消费的实施意见（内政发[2015]116号） | 将各类体育设施建设纳入城乡规划，合理布点布局，重点建设一批满足群众多元化需求的中小型体育场馆、健身活动中心、户外多功能球场、健身步道等场地设施。盘活存量资源，改造旧厂房、仓库、老旧商业设施等用于体育健身。鼓励社会力量建设小型化、多样化的活动场馆和健身设施，政府以购买服务等方式予以支持。在城市社区建设“15分钟健身圈”，有条件的地方可建设“10分钟健身圈”“5分钟健身圈”。新建社区体育设施覆盖率达到100%。推进实施农牧民体育健身工程，苏木乡镇、嘎查村公共体育健身设施覆盖率达到100%。<br>新建居住区和社区要按相关标准规范配套群众健身相关设施，按室内人均建筑面积不低于0.1平方米或室外人均用地面积不低于0.3平方米执行，并与住宅区主体工程同步设计、同步施工、同步验收、同步投入使用。凡老城区与已建成居住区无群众健身设施的，或现有设施没有达到规划建设指标要求的，要通过改造等多种方式予以完善。<br>优先保证公共体育基础设施建设用地需求，符合土地利用总体规划的，优先予以保障土地利用年度计划。对于已列入划拨用地目录内的项目，可以划拨方式使用土地。各盟市、旗县（市、区）存量建设用地和收购储备的土地可优先安排体育产业建设项目使用 |
|  |  | 内蒙古自治区人民政府关于印发《内蒙古自治区全民健身实施计划（2016—2020年）》的通知（内政发[2016]98号） | 体育场地设施均衡发展。全区体育场地数量达到4万个，人均体育场地面积达到2.5平方米。旗县（市、区）全民健身活动中心、苏木乡镇小型全民健身活动中心、嘎查村全民健身活动站点、社区体育健身设施实现全覆盖。缩小人民群众享有体育设施公共服务的活动半径，打造“10分钟健身圈”。<br>提升公共体育设施服务能力。同步推进自治区农村牧区“十个全覆盖”工程与嘎查村体育健身设施建设，2016年年底前实现健身设施全覆盖。完成并提升各级公共体育设施功能，旗县（市、 |

续表

| 序号 | 省市、自治区 | 相关政策 | 相关条款 |
| --- | --- | --- | --- |
| 5 | 内蒙古自治区 | 内蒙古自治区人民政府关于印发《内蒙古自治区全民健身实施计划（2016—2020 年）》的通知（内政发[2016]98 号） | 区）全民健身活动中心实施“112”标准，即有 1 个体育场、1 个体育馆和 2 个标准足球场。苏木乡镇小型全民健身活动中心实施“1121”标准，即有 1 个篮球场或笼式足球场、1 个门球场、2 个乒乓球台和 1 套健身路径。嘎查村全民健身活动站点实施“121”标准，即有 1 个篮球场、2 个乒乓球台和 1 套健身路径。社区建有便捷、实用的体育健身设施，有条件的建有一个多功能笼式足球场。在人口数量较大、人员居住密集的苏木乡镇政府所在地，建设一批多功能全民健身馆。鼓励有条件的地区建设滑冰馆、游泳馆。做好全民健身示范旗县（市、区）的建设与命名、资助工作，培育打造一批自治区级示范旗县（市、区）。<br>支持社区利用公共服务设施和社会场所组织开展适合老年人的体育健身活动 |
| 6 | 辽宁省 | 辽宁省人民政府关于加快发展体育产业促进体育消费的实施意见（辽政发[2015]34 号） | 完善体育基础设施。各市要统筹规划体育设施建设，合理布局，加快全民健身场地设施建设，重点加强公园专项体育设施和社区活动场地设施建设，升级改造一批便民利民的中小型体育场馆、公众健身活动中心、户外多功能球场、健身步道等场地设施。强化资源整合，充分开发利用城市公园、公共绿地、郊野公园、沿河沿湖沿水库堤坝滩地、老矿区、矸石山及城市空置场所等，建设群众体育健身设施。<br>将公共体育设施和体育产业发展用地纳入城乡规划、土地利用总体规划和年度用地计划，对重点体育产业项目建设用地给予优先支持。新建居住区和社区要按相关标准和规范配套建设群众健身相关设施，按室内人均建筑面积不低于 0.1 平方米或室外人均用地不低于 0.3 平方米执行，并与住宅区主体工程同步设计、同步施工、同步投入使用。通过多种方式改造和完善已建成居住小区的健身设施 |
| | | 辽宁省人民政府关于印发辽宁省全民健身实施计划（2016—2020 年）的通知（辽政发[2016]80 号） | 加强全民健身场地设施建设。制定并实施《辽宁省公共体育设施建设基本标准》，指导全省场地设施建设。按照配置均衡、规模适当、方便实用、安全合理的原则，科学规划和统筹建设全民健身场地设施。规划建设省、市、县公共体育服务中心，建设亲民、便民、利民、惠民的社区健身站点、社区公共运动场、农民体育健身工程、百姓健身房等村（社区）体育健身设施，丰富“15 分钟健身圈”的内涵。推广拼装式游泳池、笼式足球场、多功能运动场等场地设施。推进体育公园、健身步道、户外营地、自行车骑行道等户外体育设施建设。利用新技术盘活场地存量资源，加大健身路径体育器材的更新力度，加强健身路径体育设施的维护与管理 |

续表

| 序号 | 省市、自治区 | 相关政策 | 相关条款 |
| --- | --- | --- | --- |
| 7 | 吉林省 | 吉林省人民政府关于加快发展体育产业促进体育消费的实施意见（吉政发[2015]50号） | 大力开展全民健身活动，积极引导各地因地制宜发展滑冰、滑雪、武术、体育舞蹈、冬季龙舟、漂流、垂钓、登山、自行车、汽车自驾游、拓展、健身、健美等体育健身娱乐运动项目。倡导开展适合老年人特点的休闲运动项目。通过发展体育健身娱乐项目，营造健身氛围，丰富市场供给。<br>通过加大投入，建设一批便民利民的中小型体育场馆、全民健身活动中心、户外多功能运动场等设施，改造旧厂房、仓库、老旧商业设施等用于体育健身。鼓励社会力量建设小型化、多样化活动场馆和健身设施。在城市社区建设“15分钟健身圈”，新建社区的体育设施覆盖率达到100%。国民体质监测站点在市（州）、县（市）实现全覆盖，全民健身路径在街道、社区、行政村实现全覆盖，乡镇农民健身工程实现全覆盖。<br>将体育设施用地纳入城乡规划、土地利用总体规划和年度用地计划，合理安排用地需求。新建居住区和社区要按室内人均建筑面积不低于0.1平方米或室外人均用地不低于0.3平方米标准，配套建设群众健身相关设施，并与住宅区主体工程同步设计、施工、投入使用。凡老城区及已建成居住区无群众健身设施的，或现有设施没有达到规划建设标准的，要通过改造等多种方式予以完善 |
| | | 吉林省人民政府关于印发吉林省全民健身实施计划（2016—2020年）的通知（吉政发[2016]39号） | 全省公共体育场地设施更加完善。小型、便捷、实用、多元的公共体育场地设施遍布城乡，全省各类体育场地达到2.5万个以上，人均体育场地面积达到1.8平方米以上，实现城市社区、行政村健身设施全覆盖。打造体育生活化示范社区（行政村）和健康促进服务中心；建成多功能运动场150个以上、足球场300个以上、滑冰场500个以上，滑雪场数量逐年递增。全省公共体育场馆开放率达到70%以上。<br>加大场地设施建设力度，进一步提升公共体育服务水平。以群众需求为导向，按照因地制宜、突出特色、方便实用、安全合理的原则，以促进人的全面健康为目的，将健身设施与对人心理健康、道德健康和社会适应能力有积极促进作用的设施相结合，科学规划和统筹建设全民健身场地设施，促进我省全民健身场地设施建设走向内涵式发展。大力推进体育生活化社区（行政村）建设并制定建设标准，构建基层百姓身边有设施、有组织、有活动的全民健身服务网络，打造城市社区“15分钟健身圈”。<br>建设一批便民利民的中小型体育场馆、全民健身活动中心、社区体育公园、户外多功能运动场、健身步道、笼式足球场等场地设施。实现全民健身路径建设乡镇（街道）、社区（行政村）全覆盖。加强已有公共健身设施检查、维修和更新工作。创新和引 |

续表

| 序号 | 省市、自治区 | 相关政策 | 相关条款 |
| --- | --- | --- | --- |
| 7 | 吉林省 | 吉林省人民政府关于印发吉林省全民健身实施计划（2016—2020年）的通知（吉政发[2016]39号） | 进科技含量高、安全、实用、便于推广的新型健身设施。加强和改善各类公共体育设施的无障碍建设，为残疾人、老年人和儿童参与健身创造条件。<br>发挥全民健身多元功能，形成互促共进的发展格局。结合"健康中国2030""东北振兴"等国家和地区总体发展战略，以及科技、教育、文化、卫生等事业发展的需求，统筹谋划健康促进服务中心、多功能运动场馆、冰雪运动基地、体育生活化社区等全民健身项目工程，加强项目战略策划和资源整合，把符合条件的全民健身项目纳入省级重点项目库，给予政策和资金扶持 |
| 8 | 黑龙江省 | 黑龙江省人民政府关于加快发展体育产业促进体育消费的实施意见（黑政发[2015]24号） | 创新体育场馆管理运营机制。各类体育场馆要积极推进管理体制改革和运营机制创新。支持和鼓励城市社区建设集培训、健身、竞赛、表演、康复等于一体的体育健身服务综合体。<br>加强体育设施建设。在城市社区建设"15分钟健身圈"，新建社区的体育设施覆盖率要达到100%。推进实施农民体育健身工程，在乡镇、行政村实现公共体育健身设施100%全覆盖。<br>非经营性的体育技校、职业培训学校、大中专体育院校或体育科研院所的土地，可按照相关规定无偿划拨使用。在基建过程中，各相关部门要积极配合并给予相关优惠政策。<br>新建居住区和社区要按相关标准配套群众健身设施，按室内人均建筑面积不低于0.1平方米或室外人均用地不低于0.3平方米执行，并与住宅区主体工程同步设计、同步施工、同步投入使用 |
| | | 黑龙江省人民政府关于印发黑龙江省全民健身实施计划（2016—2020年）的通知（黑政发[2016]39号） | 加快场地设施建设。按照配置均衡、规模适当、方便实用、安全合理的原则，统筹规划建设全民健身场地设施，着力构建县、乡、村三级全民健身设施网络，构建城市"15分钟健身圈"。着力提升各级公共体育设施功能，推动全民健身场地设施"55321"工程建设，即市级实施"五个一"工程，标准为：一个全民健身活动中心、一个公共体育场、一个室内滑冰场、一个体育公园、一个国民体质测定与运动健身指导中心；县（市）实施"五个一"工程，标准为：一个全民健身活动中心、一个公共体育场、一个体育公园、一个国民体质测定与运动健身指导站、一个可拆装式移动冰场，鼓励县（市、区）根据实际情况建设各类滑冰场设施；乡级实施"三个一"工程，标准为：一个标准篮球场、一套全民健身路径工程、一个健身广场，城市社区可选择社区多功能运动场代替篮球场，有条件的乡镇可建设不少于100平方米的室内健身室；村级实施"两个一"工程，标准为：一套全民健身路径和一个标准篮球 |

续表

| 序号 | 省市、自治区 | 相关政策 | 相关条款 |
| --- | --- | --- | --- |
| 8 | 黑龙江省 | 黑龙江省人民政府关于印发黑龙江省全民健身实施计划（2016—2020年）的通知（黑政发[2016]39号） | 场，居民区（城市聚居区内或不超过15分钟步行距离内、100户以上的自然屯）实施“一个一”工程，标准为：一套全民健身路径或一个健身广场等健身设施。新建居住区和社区要严格按照室内人均建筑面积不低于0.1平方米或室外人均用地不低于0.3平方米的要求配建全民健身设施，并确保与住宅区主体工程同步设计、同步施工、同步投入使用，不得挪用或侵占 |
| 9 | 上海市 | 上海市人民政府关于加快发展体育产业促进体育消费的实施意见（沪府发[2015]26号） | 完善健身设施。加强体育场地设施的科学规划与布局，推进实施《上海市公共体育设施布局规划（2012—2020年）》，制定公共体育设施中远期规划。重点建设一批便民利民的中小型体育场馆、市民健身活动中心、户外多功能球场、健身步道等场地设施，新建500片足球场地。<br>鼓励社会力量建设小型化、多样化的活动场馆和健身设施，引导社会力量盘活现有存量资源，改造旧厂房、仓库、老旧商业设施等用于体育健身。在有条件的商务楼宇、闲置场地和建筑物屋顶、地下室等区域设置体育设施。在城市社区建设“15分钟健身圈”，新建社区的体育设施覆盖率达100%。鼓励公共体育设施免费或低收费开放，加快推进企事业单位等体育设施向社会开放，稳步推进学校体育场馆向社会开放，鼓励经营性体育场馆向社会公益开放。<br>市、区（县）两级在编制土地利用总体规划和市、区（县）总体规划、主体功能区规划时，应预留土地空间，明确保障体育设施用地的措施，对体育设施建设用地予以支持。新建居住区和老城区改造要按照相关标准，规范配套群众健身相关设施，按照室内人均建筑面积不低于0.1平方米或室外人均用地不低于0.3平方米执行，并与住宅区主体工程同步设计、同步施工、同步投入使用。凡老城区与已建成居住区无群众健身设施的，或现有设施没有达到规划建设指标要求的，要通过改造等多种方式予以完善 |
|  |  | 上海市人民政府关于印发《上海市全民健身实施计划（2016—2020年）》的通知（沪府发[2016]96号） | 科学规划，统筹利用绿化空间、楼宇、学校体育设施，重点新建一批便民利民的市民健身活动中心、中小型体育场馆、市民多功能运动场、市民健身步道等全民健身设施。新建改建一批益智健身苑点、市民健身房。新建居住区和社区要严格按照“室内人均建筑面积不低于0.1平方米或室外人均用地不低于0.3平方米”标准配建全民健身设施的要求，确保与住宅区主体工程同步设计、同步施工、同步验收、同步投入使用，不得挪用或侵占。<br>到2020年，建成区级体育中心23个，新建市民健身活动中心50个、市民多功能运动场150个、市民足球场100个、市民健身 |

续表

| 序号 | 省市、自治区 | 相关政策 | 相关条款 |
| --- | --- | --- | --- |
| 9 | 上海市 | 上海市人民政府关于印发《上海市全民健身实施计划（2016—2020年）》的通知（沪府发〔2016〕96号） | 步道300千米。将体育设施融入生态发展，重点建设环崇明岛“一环五圈”、环淀山湖、外环绿带、郊野公园自行车健身绿道等项目，自行车健身绿道达到600千米。推进徐家汇、崇明自行车、长兴岛、前滩、南桥、松江、罗店、长宁等体育主题公园，以及沿江、沿河、沿湖体育休闲设施建设 |
| 10 | 江苏省 | 江苏省人民政府关于加快发展体育产业促进体育消费的实施意见（苏政发〔2015〕66号） | 统筹规划、科学布局、均衡配置城乡公共体育设施，重点建设一批便民利民的中小型体育场馆、全民健身活动中心、户外多功能球场和健身步道，推广拆装式游泳池、笼式足球场、三人制篮球场等新型场地设施。大力推进城市社区“10分钟健身圈”建设，积极推动农民体育健身工程提档升级，鼓励基层社区文化体育设施共建共享。合理利用郊野公园、城市公园、公共绿地及城市空置场所等建设群众体育设施，盘活社会存量资源用于体育健身，鼓励社会力量建设小型化、多样化的场馆设施。完善公共体育设施使用规范、安全管理、更新维护等办法，健全室外健身器材配备管理制度。<br>住建、规划和体育部门要进一步完善居住区和社区体育设施配套标准规范，新建居住区和社区按室内人均建筑面积不低于0.1平方米或室外人均用地不低于0.3平方米的标准配套群众健身相关设施。有关职能部门要加强体育设施竣工验收和执法检查，对发现未达标准而通过验收、验收合格后改变用途导致不达标等情形的，要严肃追究责任。未配置群众健身设施或现有设施未达到规划建设指标要求的老城区与已建成居住区，要通过改造等多种方式予以完善。各地要优先支持利用城市空间建设体育设施，保障公共体育设施、重点体育产业项目建设用地 |
|  |  | 江苏省人民政府关于印发江苏省全民健身实施计划（2016—2020年）的通知（苏政发〔2016〕163号） | 全民健身设施更加完善。全民健身设施布局科学合理，服务功能进一步提升。城市社区“10分钟健身圈”内涵不断丰富。乡镇（街道）基本建成全民健身中心和多功能运动场，行政村（社区）基本建成体育活动室和多功能运动场，同时乡镇（街道）、行政村（社区）都建有健身小公园和健身步道。全省建成体育公园1000个，其中示范体育公园20个。继续推动公共体育设施开放共享，落实学校体育设施建设标准，在保证教学需要和校园安全的前提下向社会开放。人均体育场地面积达2.5平方米。<br>各地要将体育设施建设纳入城乡区域新一轮发展规划和新型城镇化发展规划建设的重要内容并大力推进，为城乡基层居民提供更多便利的健身设施。实施《江苏省公共体育设施建设基本标准》，规范和完善全民健身设施建设，优化城乡空间布局，合理配置体育设施，推动“10分钟健身圈”向城乡一体化发展。新 |

续表

| 序号 | 省市、自治区 | 相关政策 | 相关条款 |
|---|---|---|---|
| 10 | 江苏省 | 江苏省人民政府关于印发江苏省全民健身实施计划（2016—2020年）的通知（苏政发[2016]163号） | 建居住区严格落实国家配建全民健身设施要求，与住宅区主体工程同步设计、施工和验收使用。大力推进体育公园、健身步道、户外营地、自行车骑行道等户外体育设施建设，并与生态相融。加大学校等人口聚集场所体育设施建设力度。充分利用老旧街区、闲置厂房、立交桥下、高速公路服务区和客运枢纽等有条件的空间，巧妙改建配置健身设施。推广笼式足球场、篮球场、网球场和拼装式游泳池等新型体育设施，鼓励有条件的地方和社会力量建设冰雪运动设施。贯彻《江苏省公共体育设施开放管理办法》，提升规范化管理和专业化服务水平，扩大公共体育设施免费或低收费开放范围，全面实行公共体育设施对学生、老年人和残疾人优惠或免费开放。<br>按照城乡一体化要求，推进城乡基层健身设施、健身组织、健身活动、健身指导等公共资源及服务要素的协调配置。全面拓展乡镇（街道）综合文化站的体育服务功能，积极发挥村（社区）体育文化活动场地的阵地作用。继续实施农民体育健身工程提档升级，推动乡镇（街道）全民健身活动中心和多功能公共运动场建设、村（社区）体育活动室和多功能运动场建设。依据镇村布局规划优化，加快体育设施向规划发展村庄覆盖延伸，建设镇村健身小公园和健身步道。<br>市、县（市、区）、乡镇（街道）依托现有体育设施建设老年人体育活动中心，为老年人健身提供便利 |
| 11 | 浙江省 | 浙江省人民政府关于加快发展体育产业促进体育消费的实施意见（浙政发[2015]19号） | 体育设施供给明显增加，人均体育场地面积超过2.25平方米；新建足球场地500片以上，实现全省90%以上乡镇建有足球场；新建或改建社区中小型多功能运动场馆2 000个，新建社区与行政村的体育设施覆盖率达到100%。<br>优化体育场地设施的规划与布局，重点建设一批便民利民的社区中小型多功能运动场馆等全民健身设施。合理利用郊野公园、城市公园、公共绿地及空置场所等建设体育健身场地和设施。开发健身步道、自行车绿道等慢行交通系统，引导发展登山步道、徒步骑行服务站、汽车露营营地、航空飞行营地、帆船游艇码头等户外场地设施。支持社会力量建设小型、多样的运动场地设施。<br>各地要将体育设施用地纳入城乡规划、土地利用总体规划和年度用地计划，合理规划建设群众体育设施、竞技体育设施和体育赛事场馆。新建居住区和社区要按室内人均建筑面积不低于0.1平方米或室外人均用地不低于0.3平方米标准，配套建设群众健身相关设施，并与住宅区主体工程同步设计、同步施工、同步投入使用。各级城乡规划部门在审查审批公共配套服务设施规划设计方案时，应征求同级体育主管部门的意见。老城区及已建成居住区无群众健身设施的，或现有设施没有达到规划建设标准的，要通过改造等多种方式予以完善。社区体育设施用地应按一定人口密度配套供给 |

续表

| 序号 | 省市、自治区 | 相关政策 | 相关条款 |
| --- | --- | --- | --- |
| 11 | 浙江省 | 浙江省人民政府关于印发浙江省全民健身实施计划（2016—2020年）的通知（浙政发[2016]39号） | 公共体育场地设施建设更加完善。形成各级各类体育设施布局合理、互为补充、覆盖面广、普惠性强的网络化格局，人均体育场地面积达到2.1平方米以上。基层体育健身设施建设标准逐步提高，所有县（市、区）建成全民健身活动中心，街道（乡镇）、社区（行政村）建有便捷、实用的基本公共体育健身设施，城市社区和有条件的农村建构“15分钟健身圈”。实施公共体育设施提升工程，改善各类公共体育设施的无障碍条件。努力实现各类体育场地设施向社会开放，公共体育设施和符合开放条件的公办学校体育场地设施开放率达100%。<br>进一步提升群众身边体育设施的建设水平，努力实现便民体育设施全覆盖。从广大群众的健身需求出发，进一步改善群众体育健身条件和环境，在全省合理规划建设一批健身公园、健身长廊、健身步道等健身场地设施及面向群众的游泳、篮球、足球、排球、羽毛球、乒乓球等大众健身活动场馆，重点在全省实施城乡社区多功能体育设施普及计划，通过省、市、县、乡镇（街道）、社区五级投入，建设一批笼式足球场、篮球场、游泳池、轮滑场等社区多功能体育设施。到2020年，全省建成1 000个社区多功能运动场，15个左右省级全民健身活动中心，150个乡镇（街道）全民健身活动中心、中心村全民健身广场（体育休闲公园）、轮滑公园等，500个游泳池（含拆装式游泳池），500个足球场（含笼式足球场），5 500个实施小康体育村升级工程。加快冬季运动项目场地建设，满足不同层次群众的健身需求。严格落实国家新建居住区和社区按室内人均建筑面积不低于0.1平方米或室外人均用地不低于0.3平方米的标准配套群众健身相关设施。结合“三改一拆”“四边三化”行动，有效开发利用城镇低效用地建设体育场地设施，积极改造旧厂房、仓库、老旧商业设施等用于体育健身 |
| 12 | 安徽省 | 安徽省人民政府关于加快发展体育产业促进体育消费的实施意见（皖政[2015]67号） | 城市社区建设“15分钟健身圈”，新建社区的体育设施覆盖率达到100%。加快农民体育健身工程建设步伐，在乡镇、行政村实现公共体育健身设施全覆盖。<br>各地要将体育设施用地纳入城乡规划、土地利用总体规划和年度用地计划，合理安排用地需求。各级体育主管部门要进入同级政府的规划委员会。重大体育产业项目应列入省重点项目库，各级政府要统筹安排项目建设用地。新建居住区和社区要按相关标准规范配套群众健身相关设施，按室内人均建筑面积不低于0.1平方米或室外人均用地不低于0.3平方米执行，并与住宅区主体工程同步设计、同步施工、同步验收、同步投入使用。老城区和近年已建成居住区无群众健身设施的，或现有设施没有达到规划建设指标要求的，要通过增加和改造等方式予以完善 |

续表

| 序号 | 省市、自治区 | 相关政策 | 相关条款 |
| --- | --- | --- | --- |
| 12 | 安徽省 | 安徽省人民政府关于印发安徽省全民健身实施计划（2016—2020年）的通知（皖政[2016]120号） | 统筹建设全民健身场地设施，方便群众就近就便健身。按照配置均衡、规模适当、方便实用、安全合理的原则，科学规划和统筹建设全民健身场地设施，纳入城市公共服务设施综合规划。推动公共体育设施建设，着力构建省、市、县（市、区）、乡镇（街道）、行政村（社区）五级全民健身设施网络和城市社区“15分钟健身圈”，人均体育场地面积力争达到1.8平方米，改善各类公共体育设施的无障碍条件。<br>有效扩大增量资源。规划建设新省体育中心。重点建设步道、绿道、健身广场等亲民、便民、利民的中小型全民健身场地设施。建成步道、绿道3 000千米以上。50%以上的设区市建成1个中型体育馆、1个中型体育场、1个中小型游泳馆、1个综合型多功能全民健身活动中心和1个体育公园。50%以上的县（市、区）建成1个小型体育馆、1个小型体育场、1个游泳设施、1个中小型全民健身活动中心、1个体育公园。50%以上的乡镇（街道）建成1个小型室内健身中心、1个全民健身广场、1个多功能球类运动场。100%的行政村建有公共体育设施。新建社区体育设施覆盖率达到100%。完善基层综合性文化服务中心、农村社区综合服务设施的体育服务功能，多渠道落实体育专兼职工作人员。<br>加快发展足球运动和冰雪运动。省发展改革部门要研究制定全省足球场地建设规划，着力加大足球场地供给，因地制宜鼓励社会力量建设小型、多样化的足球场地 |
| 13 | 福建省 | 福建省人民政府关于加快体育产业发展促进体育消费十条措施的通知（闽政[2015]40号） | 扩充体育场馆资源。加强公共体育场馆、全民健身活动中心、户外多功能球场和健身步道建设，推广三人制篮球场、五人制足球场等新型场地设施，省级财政每年安排不少于7 000万元予以支持。在城市社区建设“15分钟健身圈”，新建社区的体育设施覆盖率达到100%，推进实施农民体育健身工程，在乡镇、行政村实现公共体育健身设施100%全覆盖 |
| | | 福建省人民政府关于印发福建省全民健身实施计划（2016—2020年）的通知（闽政[2016]43号） | 全民健身设施更加完善。基本建成设区市、县（市、区）、乡镇（街道）、行政村（社区）四级公共体育设施体系，城市社区建成“15分钟健身圈”，农村公共体育设施提档升级。人均体育场地面积达到2平方米，新建社区公共体育设施全覆盖，具备建设条件的公园、广场、绿地等场所，按照标准配置公共体育设施。<br>扩大公共体育设施增量资源，丰富有效供给。重点完善县（市、区）、乡镇（街道）、行政村（社区）公共体育设施体系，加强便民、利民、惠民的中小型公共体育设施建设。<br>新建居住区和社区严格按照国家标准配置全民健身设施，老城区逐步完善全民健身配套设施建设。充分利用城市旧厂房、仓库、老旧商业设施、农村荒地等闲置资源，因地制宜建设全民 |

续表

| 序号 | 省市、自治区 | 相关政策 | 相关条款 |
| --- | --- | --- | --- |
| 13 | 福建省 | 福建省人民政府关于印发福建省全民健身实施计划（2016—2020年）的通知（闽政[2016]43号） | 健身设施。合理做好城市空间的复合利用，推广季节性、可移动、可拆卸、绿色环保的全民健身设施。结合新一轮“千村整治、百村示范”美丽乡村建设和基层综合性文化服务中心、农村社区综合服务设施建设，推进乡镇、行政村公共体育设施共建共享和全覆盖。加强与工业园区级别、规模相匹配的职工健身设施建设。鼓励社会资本建设小型化、多样化的公共体育设施。根据国家发展改革委《关于印发全国足球场地设施建设规划（2016—2020年）的通知》，加大足球场地设施建设力度。<br>坚持普惠性、保基础、兜底线、可持续、因地制宜的原则，加强革命老区、原中央苏区、贫困地区、少数民族地区全民健身公共服务体系建设，重点实施基本公共体育设施扶贫工程，推动省级扶贫开发工作重点县县级公共体育设施达到国家标准。<br>完善全民健身设施布局。设区市以大型全民健身活动中心、体育公园为建设重点，完善体育场、综合体育馆、游泳馆等设施布局；县（市、区）以中型全民健身活动中心、健身步道、登山步道为建设重点，完善体育场、游泳馆（池）、体育公园等设施布局；乡镇（街道）以小型全民健身活动中心、多功能运动场为建设重点，完善文化体育公园、健身广场、健身步道、登山步道、健身路径等设施布局；社区以小型、多样化健身设施为建设重点，行政村以农民体育健身工程提档升级为建设重点。<br>落实国家全民健身设施配置标准。新建居住区和社区按照室内人均建筑面积不低于0.1平方米或室外人均用地不低于0.3平方米配建全民健身设施，并纳入建筑方案规划审查，确保与住宅区主体工程同步设计、同步施工、同步验收、同步投入使用，不得挪用或侵占。老城区与已建成居住区无全民健身设施或现有设施未达到建设指标要求的，原则上按新建居住区和社区全民健身设施建设标准的70%配置 |
| 14 | 江西省 | 江西省人民政府关于加快发展体育产业促进体育消费的实施意见（赣府发[2015]40号） | 完善体育设施。各地要结合城镇化发展统筹规划体育设施建设，重点建设一批便民利民的中小型体育场馆、游泳馆、公众健身活动中心、户外多功能球（运动）场、健身广场、健身步道等场地设施。在城市社区建设“15分钟健身圈”，新建社区的体育设施覆盖率达到100%，在乡镇、行政村实现公共体育健身设施100%覆盖。<br>各地要将体育设施的用地纳入城乡规划、土地利用总体规划和年度用地计划。新建居住区和社区要按室内人均建筑面积不低于0.1平方米或室外人均用地不低于0.3平方米的标准配套群众健身相关设施，并与住宅区主体工程同步设计、同步施工、同步投入使用。老城区与已建成居住区无群众健身设施的，或现有设施没有达到规划建设指标要求的，要通过改造等多种方式予以完善。在老城区和已建成居住区中支持企业、单位利用原划拨方式取得的存量房产和建设用地兴办体育设施，对符合划拨用地目录的非营利性体育设施项目可继续以划拨方式使用土地 |

续表

| 序号 | 省市、自治区 | 相关政策 | 相关条款 |
|---|---|---|---|
| 14 | 江西省 | 江西省人民政府关于印发江西省全民健身实施计划（2016—2020年）的通知（赣府发[2016]43号） | 大力改、扩、新建全民健身场地设施，有效扩大增量资源。场地设施建设应以满足不同人群多样化需求为目的，场地设施类型宜以小型多样为主，重点建设一批便民利民的中小型体育场馆，以及县级体育场、全民健身活动中心、社区多功能运动场等场地设施。新建居住区和社区要严格按照《国务院关于加快发展体育产业促进体育消费的若干意见》（国发[2014]46号）要求，建有全民健身设施，即“新建居住区和社区要按相关标准规范配套群众健身相关设施，按室内人均建筑面积不低于0.1平方米或室外人均用地不低于0.3平方米执行，并与住宅区主体工程同步设计、同步施工、同步投入使用”。<br>加快推进全民健身基地建设。通过开展全民健身基地创建、评估、命名等工作，促进管理和运营标准化、规范化、市场化，提升持续发展能力，更好地发挥其在全民健身活动和区域经济发展中的示范引领作用。<br>推进老年宜居环境建设，统筹规划建设公益性老年健身体育设施，加强社区养老服务设施与社区体育设施的功能衔接，支持社区利用公共服务设施和社会场所组织开展适合老年人的体育健身活动，扶持老年人体育社会组织建设，为老年人健身提供科学指导和集体活动平台，发挥全民健身对老年人健康促进与社会融合的作用 |
| 15 | 山东省 | 山东省人民政府关于贯彻国发[2014]46号文件加快发展体育产业促进体育消费的实施意见（鲁政发[2015]19号） | 人均体育场地面积达到2.2平方米，城市社区建成“10分钟健身圈”，新建社区和乡镇、行政村公共体育设施覆盖率达到100%，基本实现体育公共服务全覆盖。<br>加快建设公共体育场地设施。编制《公共体育设施布局规划》和《公共体育设施建设规划》，将体育设施用地纳入城乡规划、土地利用总体规划和年度用地计划，合理安排用地需求，有计划地加快推进设施建设。重点建设便民利民的中小型体育场馆、公众健身活动中心、户外多功能球场、健身步道等场地设施，将赛事功能与赛后综合利用有机结合。充分利用城市公园、广场、绿地、河流、湖泊等资源，建设群众身边的体育健身场地。到2025年，各市建有体育场、体育馆、游泳馆和全民健身活动中心，各县（市、区）建有体育场、体育公园、全民健身活动中心，乡镇（街道）建有多功能运动场地，社区、行政村建有居民体育健身工程。<br>新建居住区和社区按室内人均建筑面积不低于0.1平方米或室外人均用地不低于0.3平方米的标准，配套群众健身设施，并与住宅区主体工程同步设计、同步施工、同步投入使用。加强体育设施竣工验收和执法检查，对发现未达标准而通过验收、验收合格后改变用途等情形的，严肃追究责任。凡老城区与已建成居住区无群众健身设施的，或现有设施没有达到规划建设指标要求的，通过改造等多种方式予以完善。鼓励基层社区文化体育设施共建共享 |

续表

| 序号 | 省市、自治区 | 相关政策 | 相关条款 |
| --- | --- | --- | --- |
| 15 | 山东省 | 山东省人民政府关于印发山东省全民健身实施计划（2016—2020年）的通知（1143［2016］29号） | 科学编制设施规划。编制省、市、县“十三五”公共体育设施建设规划和公共体育设施布局规划，有计划地加快推进公共体育设施建设。到2020年，全省人均体育场地面积达到2.0平方米以上。县（市、区）全部建有“三个一”工程（一个公共体育场、一个全民健身活动中心、一个体育公园或健身广场），乡镇（街道）普遍建有“两个一”工程（一个全民健身活动中心或灯光篮球场、一个多功能运动场），行政村（社区）建成一个多功能的文体广场，实现体育健身设施全覆盖；县级以上主城区建成“15分钟健身圈”。规划建设“三圈一廊”（省会城市群休闲体育运动圈、沂蒙山区绿色康体运动圈、大运河文化旅游运动圈和山东半岛黄金海岸全民健身长廊），构建休闲健身运动场地设施网络。继续开展“山东省绿色生态休闲体育活动基地”创建工作。到2020年，打造20个省级特色体育休闲项目。每市至少打造2个绿色生态休闲体育活动基地和2条节假日体育休闲精品线路。<br>落实设施建设标准。严格落实新建居住区和社区公共体育设施配套建设标准，公共体育设施与住宅区主体工程同步设计、同步施工、同步投入使用，不得挪用或侵占。支持利用公园、广场、公共绿地及空置场地，统筹推进多功能公共运动场项目建设。充分利用旧厂房、仓库、老旧商业设施和空闲地等闲置资源改造建设健身场地设施，合理做好城市空间的二次利用，增加群众健身的设施。重点扶持建设公共运动场、多功能运动场、足球场、拼装式游泳池等室外健身设施 |
| 16 | 河南省 | 河南省人民政府关于加快发展体育产业促进体育消费的实施意见（豫政［2015］44号） | 突出发展足球运动，大力推广校园足球和社会足球，制定全省足球场地建设规划，把兴建足球场纳入城镇化和新农村建设总体规划，明确刚性要求，由各级政府组织实施。因地制宜建设足球场，充分利用城市和乡村的荒地、闲置地、公园、林带、屋顶、人防工程等，建设一大批简易实用的非标准足球场。创造条件满足校园足球活动场地要求，加强中小学校园足球特色学校建设。大力发展游泳、羽毛球、乒乓球、网球等群众参与度高、适宜性强的体育项目。<br>2020年，每个省辖市和有条件的县（市）建成“两场三馆”（体育场、室外体育活动广场，体育馆、游泳馆〔池〕和全民健身综合馆），2025年实现县（市）全覆盖。鼓励乡镇（街道）普遍建设公众健身活动中心或室外多功能运动场、灯光球场、笼式足球场等。在城市社区建设“15分钟健身圈”，推动新建居住区按要求建设体育场地，新建社区的体育设施覆盖率达到100%。实施适应群众需求和具有地域特点的农民体育健身工程，在乡镇、行政村实现公共体育健身设施100%全覆盖，提高现有农民体育健身工程设施使用率 |

续表

| 序号 | 省市、自治区 | 相关政策 | 相关条款 |
| --- | --- | --- | --- |
| 16 | 河南省 | 河南省人民政府关于加快发展体育产业促进体育消费的实施意见（豫政［2015］44号） | 新建居住区和社区要按相关标准规范配套群众健身设施，按室内人均建筑面积不低于0.1平方米或室外人均用地不低于0.3平方米执行，并与住宅区主体工程同步设计、同步施工、同步投入使用，不得挪用或侵占。凡老城区与已建成居住区无群众健身设施，或现有设施没有达到规划指标要求的，要通过改造等多种方式予以完善。鼓励基层社区文化体育设施共建共享 |
| | | 河南省人民政府关于印发河南省全民健身实施计划（2016—2020年）的通（豫政［2016］69号） | 全民健身场地设施建设成效明显，人均体育场地面积达到1.8平方米，城市社区建成“15分钟健身圈”，乡镇、行政村建有公共体育健身设施。<br>加强场地设施建设，夯实全民健身硬件基础。从人民群众体育健身的现实需求出发，结合城镇化发展进程，科学规划和统筹建设全民健身场地设施。省辖市和有条件的县（市）要建成“两场三馆”，即体育场、室外体育活动广场和体育馆、游泳馆（池）和全民健身综合馆，积极构建县、乡、村三级群众身边的全民健身设施网络。新建居住区和社区要按“室内人均建筑面积不低于0.1平方米或室外人均用地不低于0.3平方米”的标准配建全民健身设施，确保与主体工程同步设计、同步施工、同步验收、同步投入使用。老城区与已建成居住区无全民健身场地设施或现有场地设施未达到规划建设指标要求的，要因地制宜配建全民健身场地设施。充分利用旧厂房、仓库、老旧商业设施、农村“四荒”（荒山、荒沟、荒丘、荒滩）和空闲地等闲置资源，改造建设为全民健身场地设施，合理做好城乡空间的二次利用，推广多功能、季节性、可移动、可拆卸、绿色环保的健身设施。在旅游景区、城市公园、公共绿地、广场等场所，增设健身设施，完善健身功能。鼓励乡镇（街道）建设公众健身活动中心或室外多功能运动场、灯光球场、笼式足球场及适合老人、儿童等人群使用的健身设施。<br>加强社区养老服务设施与社区体育设施的功能衔接，广泛开展适合老年人参与的体育健身活动，办好老年人体育健身大会。<br>充分利用城乡空间和土地资源，建设一批简易实用的非标准足球场 |
| 17 | 湖北省 | 湖北省人民政府关于加快发展体育产业促进体育消费的实施意见（鄂政发［2015］50号） | 各级政府是公共体育设施建设的责任主体，要加大投入，支持公共体育设施建设。积极拓展公共体育设施建设资金来源渠道，广泛吸引社会力量参与体育基础设施投资，政府以购买服务等方式予以支持。构建“场馆＋四边＋绿道”的全民健身基础设施网，实现市州有综合体育馆或大型全民健身活动中心、县（市、区）有公共体育场、综合体育馆或中型全民健身活动中心，市（州）、县（市、区）有游泳馆（池）、体育公园（体育广场）和绿道，乡镇（街道）有综合性的小型体育场馆设施。在“山边、水边、路边、 |

续表

| 序号 | 省市、自治区 | 相关政策 | 相关条款 |
| --- | --- | --- | --- |
| 17 | 湖北省 | 湖北省人民政府关于加快发展体育产业促进体育消费的实施意见(鄂政发[2015]50号) | 社区边"等老百姓身边的生活休憩空间,大力兴建灵活多样、亲民便民的体育场地设施,加强绿道规划建设。重点加强城市社区和农村行政村公共体育健身设施建设,加大城市社区乒羽球馆改造建设力度。打造城市社区建设"15分钟健身圈",实现农村行政村体育设施全覆盖。<br>政府要切实把体育设施用地纳入城乡规划、土地利用总体规划和年度用地计划,合理安排用地需求,保障体育产业重点项目用地。新建居住区和社区要按相关标准规范配套群众健身相关设施,按室内人均建筑面积不低于0.1平方米或室外人均用地不低于0.3平方米执行,并与住宅区主体工程同步设计、同步施工、同步投入使用,由各级规划部门加大督查力度。充分利用城市空置场所建设群众体育设施,有条件的公共场所应设置健身步道或自行车道。鼓励基层社区文化体育设施共建共享,鼓励各类公立公园、公共绿地用于群众体育活动和群众体育设施建设。凡老城区与已建成居住区无群众健身设施的,或现有设施没有达到规划建设指标要求的,要通过改造等多种方式予以完善 |
| | | 湖北省省人民政府关于印发湖北省全民健身实施计划(2016—2020年)的通知(鄂政发[2016]35号) | 完善全民健身设施,种类齐全,人均场地面积达到1.8平方米,行政村体育设施实现全覆盖,城市"15分钟健身圈"基本形成。<br>加强社区体育设施建设,建立"15分钟健身圈"。在社区建设一批多功能运动场。新建居民区和社区严格落实"室内人均建筑面积不低于0.1平方米或室外人均用地面积不低于0.3平方米"配建全民健身设施的要求,确保与住宅区主体工程同步设计、同步施工、同步验收、同步投入使用,不得挪用和侵占。老城区与已建成居住区无群众健身设施或未达到规划建设指标要求的,因地制宜配建全民健身设施。<br>建设一批门球场、草坪网球场等老年人健身设施,80%的县(市、区)有老年人健身活动中心,所有社区和行政村有一处适合老年人的健身场地或器材,提倡有条件的社区和行政村发展适合老年人的多种健身场地设施 |
| 18 | 湖南省 | 湖南省人民政府关于加快发展体育产业促进体育消费的实施意见(湘政发[2015]41号) | 大力实施农民体育健身工程、乡镇农民体育工程、全民健身路径工程、城乡文体广场工程、城市社区体育户外广场工程。到2025年,基本实现各市州建成一场多馆的体育中心,各市、县、区至少建成1个体育馆和1个中小型全民健身活动中心,各乡镇建成1个室内健身室和1个室外健身场所,各行政村建成1个篮球场或1条健身路径,各城市社区均建成1个以上设施较为完善的体育健身场所。 |

续表

| 序号 | 省市、自治区 | 相关政策 | 相关条款 |
| --- | --- | --- | --- |
| 18 | 湖南省 | 湖南省人民政府关于加快发展体育产业促进体育消费的实施意见(湘政发[2015]41号) | 将体育场馆设施用地纳入城乡规划、土地利用总体规划和年度用地计划,合理安排用地需求。规划国土部门在编制城乡规划、土地利用总体规划、地区控制性详细规划和年度用地计划时,要充分考虑体育设施建设需求,保证相关用地落实。建立居民小区配套建设公共体育健身场地设施的统一协调机制,体育部门与有关部门共同参与居民小区规划、设计、竣工验收工作。把建设公共体育健身场地和设施作为刚性要求纳入新建、改建、扩建居民小区设计与建设范围,按室内人均建筑面积不低于0.1平方米或室外人均用地不低于0.3平方米执行,并与住宅区主体工程同步设计、同步施工、同步验收、同步投入使用。凡老城区与已建成居住区无群众健身设施的,或现有设施没有达到规划建设指标要求的,要通过改造等多种方式予以完善。郊野公园、城市公园、公共绿地及城市空置场所等应建设群众体育设施,进一步扩大城市绿地活动空间。落实基层社区文化体育设施共建共享 |
| | | 湖南省人民政府关于印发《湖南省全民健身实施计划(2016—2020年)》的通知(湘政发[2016]25号) | 加强全民健身设施建设与管理,方便群众就近就便健身。按照配置均衡、规模适当、方便实用、安全合理的原则,科学规划和统筹建设全民健身场地设施。着力构建县市区、乡镇(街道)、行政村(社区)三级全民健身设施网络和城市社区"10分钟健身圈"。到2020年,力争人均体育场地面积达到1.5平方米,70%以上的市州、县市区建有规模适中的全民健身活动中心,70%以上的乡镇(街道)、行政村(社区)建有便捷、实用的公共体育健身设施,新建社区的体育设施覆盖率达到100%。<br>体育场地设施用地纳入城乡规划、土地利用总体规划和年度用地计划,新建居住区和社区要严格落实按"室内人均建筑面积不低于0.1平方米或室外人均用地不低于0.3平方米"的标准配建全民健身活动设施的要求,确保与住宅区主体工程同步设计、同步施工、同步验收、同步投入使用。切实加强县级全民健身活动中心和社区多功能运动场建设,完善城市社区(居委会)全民健身室外路径和农村行政村(社区)农民体育健身工程建设。<br>充分利用我省独特的自然资源,建设公共体育设施。建设一批国家级和省级精品健身示范工程(包括15个社区体育健身示范俱乐部,15个职工健身示范基地,15个户外健身营地)。<br>老年人活动中心应配置适合老年人健身的体育设施,社区服务应兼顾老年人体育健身服务。鼓励、支持社会组织和个人举办老年人体育服务机构,兴办体育健身设施。健全残障人体育组织,培养为残障人服务的体育教师和社会体育指导员,实施"助残健身工程",为残障人建设就近方便的体育健身设施,为残疾人参加体育活动提供便利。<br>城市体育以社区为重点,加快推进街道和社区体育设施建设,不断改善社区居民体育健身环境和条件,提供基本公共体育服务 |

续表

| 序号 | 省市、自治区 | 相关政策 | 相关条款 |
| --- | --- | --- | --- |
| 19 | 广东省 | 广东省人民政府关于加快发展体育产业促进体育消费的实施意见（粤府［2015］76号） | 加强规划引导，全面覆盖、重点建设“一圈双核四带多点”的体育产业布局，打造“珠三角一小时体育圈”，形成广州、深圳两个核心示范市，培育沿绿道、沿江、沿海、沿山体育产业带，建设覆盖面广、便利性强的点状体育产业功能区。<br>“多点”，指在广泛的城镇区域内建设和完善便利性强的点状体育产业功能区（含全民健身设施、社区体育公园、体育产业园区、体育旅游示范基地等），重点形成健身休闲、体育赛事、用品制造、运动康复等特色产业组团，形成体育产业和体育事业相互促进的良好局面。<br>各地要结合城镇化发展统筹规划体育设施，合理布点布局，重点建设一批便民利民的中小型体育场馆、全民健身活动中心、户外多功能球场、健身步道等场地设施。重点推进社区体育公园和社区体育中心、小型足球场建设，完善绿道体育配套设施。到2025年，全省各县（市、区）均至少建成一个设有篮球、足球、乒乓球、羽毛球、健身活动区等运动项目场地的社区体育公园，完成绿道体育设施配套，建成城市社区“15分钟健身圈”，实现新建社区及乡镇、行政村公共体育设施全覆盖。<br>新建居住区和社区要按室内人均建筑面积不低于0.1平方米或室外人均用地不低于0.3平方米的标准建设健身设施，配置社区体育公园、社区体育中心或社区科学健身指导站。老城区与已建成居住区群众健身设施不达标的，要通过改造、补建等多种方式予以完善，争取在2025年前实现体育设施全覆盖 |
|  |  | 广东省人民政府关于印发广东省全民健身实施计划（2016—2020年）的通知（粤府［2016］119号） | 全省人均体育场地面积达到2.5平方米以上。市、县（区）均建有体育场、全民健身活动中心和全民健身广场（公园），城乡普遍建成“15分钟健身圈”，新建居住区和社区体育设施覆盖率达到100%，公共体育场地设施开放率达到92%以上，具备开放条件公办学校体育场地设施向社会开放比例达到65%以上。<br>加强公共体育场地设施建设。按照配置均衡、规模适当、方便实用、安全合理的原则，科学规划和统筹建设公共体育场地设施，着力构建县（市、区）、乡镇（街道）、行政村（社区）三级群众身边的全民健身设施网络和城市社区“15分钟健身圈”。地级以上市重点建设体育场、大中型全民健身活动中心、足球场、社区体育公园等符合无障碍建设标准的公共体育场地设施。县（市、区）重点建设一批便民利民的体育场馆、全民健身活动中心、全民健身广场（公园）、健身步道等符合无障碍建设标准的公共体育场地设施。乡镇（街道）重点建设全民健身广场、中小型足球场。村（社区）重点推动综合性文化体育服务中心及综合服务设施建设，对已实现农民体育健身工程全覆盖的行政村，有条件的要继续推进灯光标准篮球场、中小型足球场、健身路径、乡村健 |

续表

| 序号 | 省市、自治区 | 相关政策 | 相关条款 |
| --- | --- | --- | --- |
| 19 | 广东省 | 广东省人民政府关于印发广东省全民健身实施计划（2016—2020年）的通知（粤府[2016]119号） | 身步道等建设，并向自然村延伸。新建居住区、社区要严格落实按室内人均建筑面积不低于0.1平方米或室外人均用地不低于0.3平方米标准配建全民健身设施的要求，确保与住宅区主体工程同步设计、同步施工、同步验收、同步投入使用，不得挪用或侵占。老城区与已建成居住区无全民健身场地设施或现有场地设施未达到规划建设指标要求的，要因地制宜配建全民健身场地设施。充分利用旧厂房、仓库、老旧商业设施等闲置资源改造建设体育健身场地，并按标准增加无障碍设施。充分利用郊野公园、城市公园、公共绿地及城市空置场所等建设公共体育场地设施，进一步扩大城市绿地活动空间。以政府购买服务等方式，鼓励和吸引社会资本参与建设小型化、多样化的活动场馆和健身设施。<br>推进老年宜居环境建设，统筹规划建设公益性老年体育健身设施，推动社区养老服务设施与社区体育设施的功能衔接，推广适合老年人的健身项目和方法，为老年人体育健身活动提供便利条件和科学指导 |
| 20 | 广西壮族自治区 | 广西壮族自治区人民政府关于加快发展体育产业促进体育消费的实施意见（桂政发[2015]34号） | 结合城乡发展，统筹规划、合理布局体育设施建设，推进城乡四级公共体育设施建设，社区体育设施要100%全覆盖，形成城市社区“10分钟健身圈”；乡镇、行政村体育设施100%全覆盖，形成量大面广的体育产业消费基础。重点实施农民体育健身工程；实施“国门风采”、左右江革命老区、珠江-西江经济带、广西21世纪海上丝绸之路等广西特色全民健身工程。重点建设一批便民利民的中小型体育场馆、全民健身活动中心、体育公园、户外多功能球场、健身路径等场地设施。充分利用城市公共空间和公园，建设休闲绿道、拆装式游泳池、笼式足篮球场等场地设施。<br>各地要将体育设施用地纳入城乡规划、土地利用总体规划和年度用地计划，合理安排用地需求。各级规划行政主管部门在编制新区、开发区及住宅小区规划和城市旧改方案时，要按相关标准规范配套群众健身相关设施。新建居住区和社区，按室内人均建筑面积不低于0.1平方米或室外人均用地不低于0.3平方米执行，并与住宅区主体工程同步设计、同步施工、同步投入使用。各地建设规划管理部门要强化设计审查和竣工验收阶段的监管，对体育设施建设不达标的，不予通过验收。凡老城区与已建成居住区无群众健身设施的，或现有设施没有达到规划建设指标要求的，要通过改造等多种方式予以完善。加强城市公共空间体育设施的建设与开发，充分利用郊野与城市公园、公共绿地、江河湖岸等建设群众体育场地设施。鼓励基层社区文体设施共建共享 |

续表

| 序号 | 省市、自治区 | 相关政策 | 相关条款 |
| --- | --- | --- | --- |
| 20 | 广西壮族自治区 | 广西壮族自治区人民政府关于印发广西全民健身实施计划（2016—2020 年）的通知（桂政发［2016］56号） | 契合《广西壮族自治区国民经济和社会发展第十三个五年规划纲要》，以组织实施市县体育设施惠民工程为重点，继续实施包括"国门风采"全民健身示范工程、左右江革命老区全民健身工程等重大工程，加强体育公园、健身步道、体育广场、足球场、门球场、网球场等项目建设，在有条件的公园、绿地、广场配建体育健身设施，逐步合理增设儿童健身活动区。组织实施"基本公共体育设施扶贫工程"，支持 54 个贫困县的县、乡镇两级基本公共体育设施建设，支持全区 5 000 个贫困村基本公共体育设施建设，力争 5 年内实现"县县有全民健身活动中心、乡乡有灯光球场、村村有健身设施"，基本满足贫困地区各族群众对公共体育设施建设的需求。严格落实新建居住区和社区"室内人均建筑面积不低于 0.1 平方米，或室外人均用地不低于 0.3 平方米"的标准配建全民健身设施，确保与住宅区主体工程同步设计、同步施工、同步验收、同步投入使用，不得挪用或侵占。老城区与已建成居住区无全民健身场地设施或现有场地设施未达到规划建设指标要求的，要因地制宜配建全民健身场地设施。合理合规利用废旧的工业和商业场地设施等闲置资源改造建设为健身场地设施；合理做好城乡空间的二次利用，推广多功能、季节性、可移动、可拆卸、绿色环保的健身设施；结合国家和自治区主体功能区、国家公园和旅游景区的规划与建设，充分利用广西独特的地貌和山水资源，依山沿岸临海建设自行车步道及露营地集群，在航运功能弱化的江河湖海建设船艇码头和水上运动基地，构建环北部湾、沿西江、纵山地户外体育休闲圈。<br>加强社区养老服务设施与社区体育设施的功能衔接，支持社区利用公共服务设施和社会场所组织开展适合老年人的体育健身活动，加大门球场等适合老年人的健身项目场地设施建设，发挥全民健身在解决人口老龄化方面的独特作用 |
| 21 | 海南省 | 海南省人民政府关于加快发展体育产业促进体育消费的实施意见（琼府［2015］62号） | 优先发展全民健身服务业。认真组织实施国务院《全民健身条例》和《国家体育锻炼标准》，多措并举，建设满足公众需求的设施体系，积极推动政府机关、企事业单位、学校、社区等各级各类公共体育场馆、设施免费或低收费开放。鼓励兴办体育健身俱乐部，带动全民健身消费。构建各级各类体育社会组织体系，加强社会体育指导员队伍建设，力争到 2025 年全省注册社会体育指导员达到总人口的 1.5‰以上。<br>完善体育设施，优化服务体系。按照国家公共文化服务体系建设标准，统筹建设一批便民利民的中小型体育场馆、全民健身活动中心、户外多功能球场、健身步道等场地设施，努力形成省、市县、乡镇（街道）、村（社区）四级公共体育服务设施体系，逐步 |

续表

| 序号 | 省市、自治区 | 相关政策 | 相关条款 |
|---|---|---|---|
| 21 | 海南省 | 海南省人民政府关于加快发展体育产业促进体育消费的实施意见(琼府[2015]62号) | 按照常住人口配置公共体育服务设施,不断扩大人民群众可以享受的公共体育服务资源。建立公益性体育场馆服务标准,完善政府对各类免费、低收费提供公共服务体育场馆的补贴制度。<br>鼓励社会力量建设小型化、多样化的活动场馆和健身设施,引导社会力量盘活现有存量资源,改造旧厂房、仓库、老旧商业设施等用于体育健身。在有条件的商务楼宇、闲置场地和建筑物屋顶、地下室等区域设置体育设施。在城市社区建设"15分钟健身圈",新建社区的体育设施覆盖率达100%。<br>各级政府要将体育设施用地纳入城乡规划、土地利用总体规划和年度用地计划,合理安排用地需求。对公共体育设施、重点体育产业项目等建设用地要给予优先支持。新建居住区和社区要按相关标准规范配套市民健身相关设施,按室内人均建筑面积不低于0.1平方米或室外人均用地面积不低于0.3平方米执行,并与住宅区主体工程同步设计、同步施工、同步验收、同步投入使用。凡老城区与已建成居住区无群众健身设施的,或现有设施没有达到规划建设指标要求的,要通过改造等多种方式予以完善 |
| | | 海南省人民政府关于印发海南省全民健身实施计划(2016－2020年)的通知(琼府[2016]112号) | 推进全民健身基础设施建设创新,提高全民健身基础设施综合利用水平,为群众提供更加便利、科学、安全、灵活、无障碍的健身场地设施。全面推进市县全民健身活动中心、社区多功能体育运动场建设,全民健身路径工程建设布局更加均衡,乡镇农民体育健身工程提档升级,实现全省行政村农民体育健身工程全覆盖,城市社区"15分钟健身圈"基本形成。人均体育场地面积达到1.8平方米以上。<br>继续加大全民健身基础设施建设,满足群众健身需求。将公共体育健身设施建设纳入全省各级政府总体规划、国民经济和社会发展"十三五"规划、土地利用总体规划和城乡规划,按照国家公共文化服务体系建设标准,因地制宜、结合实际、突出特色,统筹建设一批便民利民的中小型体育健身场地设施,逐步按照常住人口配置公共体育服务设施。<br>继续推进市县全民健身活动中心、社区多功能运动场、县级公共体育场建设;将乡镇综合文化站和行政村文化室建设与实施农民体育健身工程建设相结合,逐步推进乡镇农民体育健身工程提档升级,实现行政村健身设施全覆盖。<br>加强社区养老服务设施与社区体育设施的功能衔接,提高使用率;支持社区利用公共服务设施和社会场所组织开展适合中老年人的体育健身活动,为中老年人健身提供科学指导 |

续表

| 序号 | 省市、自治区 | 相关政策 | 相关条款 |
| --- | --- | --- | --- |
| 22 | 重庆市 | 重庆市人民政府关于加快发展体育产业促进体育消费的实施意见（渝府发［2015］41号） | 加快构建市、区县、乡镇（街道）、村（社区）四级全民健身基础设施体系，合理布点布局，重点建设一批便民利民的中小型体育场馆、全民健身活动中心、户外多功能球场、健身步道等场地设施。盘活存量资源，改造旧厂房、仓库、老旧商业设施等用于体育健身。鼓励以市场化方式推进体育设施建设与营运。鼓励社会力量建设小型化、多样化的活动场馆和健身设施，政府以购买服务等方式予以支持。<br>结合新型城镇化发展规划，在编制《重庆市都市区公共体育设施布点规划》的基础上，编制市级和区县体育设施专项规划，将体育设施用地纳入城乡规划、土地利用总体规划和年度用地计划，合理安排用地需求。新建居住区和社区按相关标准规范配套群众健身相关设施，按室内人均建筑面积不低于0.1平方米或室外人均用地不低于0.3平方米执行，并与住宅区主体工程同步设计、同步施工、同步投入使用。凡老城区与已建成居住区无群众健身设施的，或现有设施没有达到规划建设指标要求的，通过改造等多种方式予以完善。充分利用郊野公园、城市公园、公共绿地及城市空置场所建设群众体育设施 |
| | | 重庆市人民政府关于印发重庆市全民健身实施计划（2016—2020年）的通知（渝府发［2016］52号） | 科学规划和统筹建设全民健身场地设施，着力构建区县（自治县）、乡镇（街道）、村（社区）三级全民健身设施网络，打造城市社区"15分钟健身圈"，人均体育场地面积达到1.7平方米。<br>继续建设和完善区县级体育场（馆）、全民健身活动中心、农民体育健身工程、社区多功能公共运动场、示范性体育公园、登山步道（城市健身步道）、全民健身户外活动营地、残疾人自强健身工程（残疾人健身示范点）等场地设施以及公共体育场馆等活动场所。在条件适宜地区建设一批冰场和雪场。城市社区按照"室内人均建筑面积不低于0.1平方米或室外人均用地不低于0.3平方米"标准配套建设全民健身设施的规定，确保全民健身设施与住宅区主体工程同步设计、同步施工、同步验收、同步投入使用。鼓励各区县（自治县）利用工业园区、老旧社区建设一批能满足群众基本健身需求的全民健身场地设施，改造旧厂房、仓库、老旧商业设施等用于体育健身，在现有公园、城市绿地中融入体育功能，增设健身步道等回归自然的全民健身场地，缩小公共体育服务活动半径，丰富市民健身生活。<br>推进老年宜居环境建设，统筹规划建设公益性老年健身体育设施，加强社区养老服务设施与社区体育设施的功能衔接，提高使用率，支持社区利用公共服务设施和社会场所组织开展适合老年人的体育健身活动，为老年人健身提供科学指导。推动残疾人康复体育和健身体育广泛开展 |

续表

| 序号 | 省市、自治区 | 相关政策 | 相关条款 |
| --- | --- | --- | --- |
| 23 | 四川省 | 四川省人民政府关于加快发展体育产业促进体育消费的实施意见(川府发[2015]37号) | 将各类体育设施建设用地纳入城乡规划、土地利用总体规划和年度用地计划,按规划布局建设。在城市社区建设"15分钟健身圈",新建社区体育设施覆盖率达到100%。市(州)、县(市、区)全民健身活动中心2020年覆盖率达到80%,2025年实现100%全覆盖。街道(乡镇)、社区(行政村)体育健身设施2020年覆盖率达到70%,2025年实现100%全覆盖。盘活存量资源,改造旧厂房、仓库、老旧商业设施等用于体育健身,鼓励社会力量建设小型化、多样化的活动场馆和健身设施,政府以购买服务等方式予以支持。<br>新建居住区和社区要按相关标准规范配套群众健身相关设施,按室内人均建筑面积不低于0.1平方米或室外人均用地不低于0.3平方米执行并纳入建筑设计规范,与住宅区主体工程同步设计、同步施工、同步投入使用。对未达标准而通过验收的要追究相关责任。凡老城区与已建成居住区无群众健身设施的,或现有设施没有达到规划建设指标要求的,要通过改造等多种方式予以完善。<br>对公共体育设施、重点体育产业项目,在立项、报建、用地和配套建设等方面应给予优先支持。社会力量兴办的非营利性体育设施用地,可以划拨方式供地。严禁体育设施建设用地改变用途 |
| | | 四川省人民政府关于印发四川省全民健身实施计划(2016—2020年)的通知(川府发[2016]53号) | 着力改善健身场地设施条件。县级以上地方人民政府要将公共体育健身设施建设与土地利用总体规划、城乡规划等相关规划充分衔接,科学规划和统筹建设全民健身场地设施。着力构建县、乡、村三级群众身边的全民健身设施网络和城市社区"15分钟健身圈",人均体育场地面积达到1.1平方米。改善各类公共体育设施的无障碍条件,力争每个县(市、区)建成1个残疾人康复(健身)体育活动室。统筹成都市、四川天府新区和周边城市规划,建设奥林匹克中心和单项赛事中心等大型体育基础设施,改善全民健身条件。市(州)重点建设并完善体育场、体育馆、游泳池和一批便民利民的体育场地设施,县(市、区)重点建设县级公共体育场、全民健身活动中心,市(州)、县(市、区)全民健身活动中心覆盖率达到80%。城市社区重点建设多功能运动场和小型多样的健身设施,农村乡镇和行政村继续实施农民体育健身工程,实现行政村健身设施全覆盖。<br>把建设足球场地纳入城镇化和新农村建设总体规划,因地制宜鼓励社会力量建设小型、多样化的足球场地 |

续表

| 序号 | 省市、自治区 | 相关政策 | 相关条款 |
|---|---|---|---|
| 24 | 贵州省 | 贵州省人民政府办公厅关于加快发展体育产业促进体育消费的实施意见(黔府办发[2015]30号) | 各地政府要将全民健身事业纳入国民经济和社会发展规划，结合城乡发展，统筹规划、合理布局体育设施建设，稳步推进城乡四级公共体育设施建设。市(州)政府所在城市要至少建成一个体育场、体育馆和游泳馆，建设一批城市全民健身活动中心，建设一批具有民族、民俗、民间特色，贴近群众生活的湿地公园、登山健身步道等户外公共体育设施。各地政府要通过财政补贴等形式，鼓励对旧厂房、仓库进行改造，盘活存量资源，建设体育设施。推进实施覆盖城乡的体育健身工程，新建城市社区的体育设施覆盖率达到100%；实现乡镇、行政村公共体育设施100%全覆盖。<br>各地要在土地利用总体规划和城乡规划中统筹考虑体育设施用地的需要，合理安排用地。按高限配置体育用地，优先保障非营利性机构用地。新建居住区和社区要按相关标准规范配套群众健身相关设施，按室内人均建筑面积不低于0.1平方米或室外人均用地不低于0.3平方米执行，并与住宅区主体工程同步设计、同步施工、同步投入使用。充分利用公园、广场及城市空置场所等建设群众体育设施，老城区与已建成居住区无群众健身设施的，或现有设施没有达到规划建设指标要求的，要通过新建、改造等多种方式予以完善 |
| | | 贵州省人民政府关于印发贵州省全民健身实施计划(2016—2020年)的通知(黔府发[2016]26号) | 加快城乡公共体育设施建设。加快市(州)所在地“一场两馆”(体育场、体育馆、游泳馆)建设，支持县(市、区、特区)建成一批便民利民的全民健身活动中心、公共体育场馆、游泳馆、社区多功能运动场。结合农村综合文化服务中心示范点设施建设，继续实施农民体育健身工程。支持大一型、大二型国有企业建设综合性体育健身设施，鼓励大型民营企业自建体育健身场馆。城市新建居住区和社区严格落实体育设施配建“三同步”(同步设计、同步施工、同步验收)要求，确保室内人均体育建筑面积不低于0.1平方米或室外人均体育用地不低于0.3平方米，规划建设的体育场馆不得挪用或侵占，老城区和已建成居住区全民健身场地设施未达到规划建设指标的，要因地制宜补齐。各级体育行政部门要参与城市新建居住区项目规划审查和竣工验收。鼓励支持各地充分利用闲置厂房、仓库、会堂、旧校舍、商业设施和“四荒”(荒山、荒沟、荒丘、荒滩)改造建设全民健身场地。切实增加公共体育设施总量和提高使用效率，各级财政资金和体育彩票公益金投资建设的体育惠民工程，免费或低收费向社会开放。积极推进有条件的学校体育设施向社会开放。到2020年，市(州)全部建成“一场两馆”，县(市、区、特区)建成公共体育场馆或全民健身活动中心，城市社区“15分钟健身圈”基本完善。乡镇(街道)、行政村(社区)农民体育健身工程(体育健身设施)实现全覆盖 |

续表

| 序号 | 省市、自治区 | 相关政策 | 相关条款 |
| --- | --- | --- | --- |
| 24 | 贵州省 | 贵州省人民政府关于印发贵州省全民健身实施计划（2016—2020年）的通知（黔府发[2016]26号） | 支持社区广泛开展适合老年人参加的体育健身交流活动，统筹规划建设公益性老年健身设施，加强社区养老服务设施与社区体育设施功能衔接。推动残疾人康复事业发展，加强残疾人社会体育指导员培训，为残疾人提供康复治疗和科学健身指导 |
| 25 | 云南省 | 云南省人民政府关于加快发展体育产业促进体育消费的实施意见（云政发[2015]39号） | 结合城镇化建设和“七彩云南全民健身工程”的实施，统筹规划、合理布局公共体育设施，重点建设一批便民利民的中小型体育场馆、全民健身活动中心、户外多功能球场、健身步道等场地设施。增加、巩固体育服务内容，实现基层社区文化体育设施共建共享。盘活存量资源，改造旧厂房、仓库、老旧商业设施等用于体育健身。鼓励社会力量建设小型化、多样化的活动场馆和健身设施，政府以购买服务等方式予以支持。<br>体育设施用地必须符合城乡规划及土地利用总体规划，符合国家产业政策，合理安排用地需求，年度新增建设用地计划指标重点向体育基础设施用地倾斜，做到节约集约用地。新建居住区和社区按照有关标准规范配套群众健身体育设施，实现室内人均健身体育设施建筑面积不低于0.1平方米或室外人均用地不低于0.3平方米。凡老城区与已建成居住区无群众健身体育设施的，或现有健身体育设施没有达到规划建设指标要求的，要通过改造等多种方式予以完善。合理利用公园绿地、广场用地及城市空置场所等建设群众体育设施。鼓励基层社区文化体育设施共建共享 |
|  |  | 云南省人民政府关于印发云南省全民健身实施计划（2016—2020年）的通知（云政发[2016]112号） | 推进基础设施建设顶层设计更加科学化。公共体育健身设施建设纳入城乡规划、土地利用总体规划和年度用地计划，合理安排体育设施用地。按照国家城市居住区规划设计规范标准，设计建设新建居住区公共体育健身设施，不得挪用或侵占。加强城乡养老服务设施与体育设施功能衔接。全面拓展乡镇（街道）、行政村（社区）综合文化站体育服务功能，积极发挥基层综合文体活动中心的阵地作用。<br>新建、完善县级公共体育场（馆）项目50个，乡级健身设施项目200个，村级健身设施项目1 200个，城市社区多功能运动场50个。为城市社区、农村乡镇配置1 200套全民健身路径器材，实现县市区、乡镇（街道）、行政村（社区）公共体育设施显著提升，城市社区普遍建有“15分钟健身圈”。<br>新建一批适应老年人、残疾人等特殊人群使用的体育场地设施，支持少数民族地区建设少数民族传统体育项目活动场地，让群众靠得近、用得上，方便就近、就地健身 |

续表

| 序号 | 省市、自治区 | 相关政策 | 相关条款 |
| --- | --- | --- | --- |
| 26 | 西藏自治区 | 西藏自治区人民政府关于印发西藏自治区全民健身实施计划（2016—2020年）的通知（藏政发[2016]75号） | 创新公共体育场馆运营管理。在国家投资建设的基础上，利用景区、城市公园、公共绿地等空间建设休闲健身设施，将旧厂房、仓库等闲置资源改造为健身场地，推广多功能、季节性、可移动、可拆卸、绿色环保的健身设施，推进大型体育场馆向公众免费低收费开放，增加体育场地设施供给。<br>推进全民健身设施体系建设“再升级”。按照提速、扩面的要求，持续加大体育基础设施建设的投入力度，到2020年实现县（区）级全民健身活动中心（包括“雪炭工程”）全覆盖、农牧民体育健身工程全覆盖，人均体育场地面积达到1.8平方米。科学规划和统筹建设城市全民健身设施，大力扩充健身路径、健身步道、笼式足球、社区多功能运动场、晨晚练点等小型便民体育设施的数量，初步形成城市社区“15分钟健身圈”。因地制宜建设农牧区全民健身设施，在高寒地区重点安装室内低强度、娱乐性健身器材，在海拔适宜地区着重建设具有改善农牧区人居环境功能的体育场地，使体育发展成果惠及更多农牧民群众。全民健身主动融入精准扶贫工程，为扶贫搬迁集中安置点建设健身场地、配置健身器材 |
| 27 | 陕西省 | 陕西省人民政府关于加快发展体育产业促进体育消费的实施意见（陕政发[2015]21号） | 各地要结合城镇化发展统筹规划建设体育设施，大力实施体育惠民工程，重点建设一批便民利民的中小型体育场馆、全民健身活动中心、户外多功能球场、健身步道等场地设施，打造“15分钟健身圈”。渭河沿岸各市（区）要加快推进渭河健身长廊建设。通过财政补贴等形式，鼓励对旧厂房、仓库进行改造，建设体育设施。<br>要将体育设施用地纳入本地城乡规划、土地利用总体规划和年度用地计划，合理安排用地需求。新建居住区和社区按室内人均建筑面积不低于0.1平方米或室外人均用地不低于0.3平方米的标准配套建设群众健身相关设施，并与住宅区主体工程同设计、同施工、同步投入使用。老城区或者已建成居住区内体育健身设施不达标的，要通过改造等方式予以完善。充分利用郊野公园、城市公园、公共绿地及城市空闲场所等建设群众体育设施 |
|  |  | 陕西省人民政府关于印发省全民健身实施计划（2016—2020年）的通知（陕政发[2016]31号） | 全民健身设施实现跨越发展。人均体育场地面积达到1.8平方米以上，城市普遍建有“15分钟健身圈”，农村公共体育设施覆盖率超过70%，实现县级公共体育场全覆盖，进一步扩大公共体育设施免费或低收费开放数量。 |

续表

| 序号 | 省市、自治区 | 相关政策 | 相关条款 |
| --- | --- | --- | --- |
| 27 | 陕西省 | 陕西省人民政府关于印发省全民健身实施计划(2016—2020 年)的通知(陕政发[2016]31号) | 研究制订“全运惠民”工程实施方案,加大全民健身设施供给侧改革力度,不断提升全民健身设施供给能力和服务水平。省级将统筹协调各地各方资源和力量,扎实推进以800里秦川渭河沿岸全民健身长廊、县级公共体育场及全民健身活动中心、陕南移民搬迁点健身器材配置工程、美丽乡村健身器材配置及农民体育健身工程、社区多功能运动场、陕北革命老区红色健身步道及延河健身长廊、汉江沿岸全民健身长廊、丹江沿岸全民健身长廊、秦岭户外运动健身基地、冰雪运动场馆建设为重点的“十大惠民工程”,为城乡群众提供更多更好的健身设施条件。各市要充分利用废旧厂房、棚户区等产业升级改造遗留土地,在城市公园、广场、旅游景点,同步规划好体育健身设施场地,适时改造现有的公园、广场等公共场所,建设一批笼式足球、多功能健身场地等新型全民健身设施。市级有“一场两馆”(即:一个公共体育场、一个体育馆、一个游泳馆),县级有“三个一”(即:一个公共体育场、一个全民健身活动中心、一片室外运动场地),镇级有“三个一”(即:一个带看台的灯光球场、一片综合健身场地、一处室内健身用房),公园、社区有一个多功能健身场地,行政村、小区有配备健身器材的基本公共体育设施。<br>重视老年群体的身心健康,各种全民健身公共设施对老年人群提供便利和优惠,发挥各级老年体协作用,开展有利于老年人参与、交流的学习培训班和赛事活动。<br>住房城乡建设和国土资源部门要完善规划与土地政策,将体育设施用地纳入城乡建设规划、土地利用总体规划和年度用地计划,落实好新建居住区和社区按“室内人均建筑面积不低于0.1平方米或室外人均用地不低于0.3平方米”标准配建全民健身设施的要求,确保与住宅区主体工程同步设计、施工、验收、投入使用,不得挪用或侵占 |
| 28 | 甘肃省 | 甘肃省人民政府贯彻国务院关于加快发展体育产业促进体育消费若干意见的实施意见(甘政发[2015]14号) | 加强体育设施建设。各级政府要结合城镇化发展统筹规划体育设施建设,合理布点布局,重点建设一批便民利民的中小型体育场馆、群众健身活动中心、户外多功能运动场、体育公园、健身步道等场地设施。盘活存量资源,改造旧厂房、仓库、老旧商业设施等用于体育健身。通过购买服务等方式引导和鼓励社会力量建设小型化、多样化的活动场馆和健身设施。在城市建设“10～15分钟健身圈”,新建社区的体育设施覆盖率达到100%。<br>加快重点体育项目建设。2015—2020年,争取全省每年建设1 000个以上村级农民健身场地、300条健身路径工程、50个笼式足球场。进一步提升全省“一市一馆”“一县一中心”“一乡一站”“一村一场”的“四个一”工程建设标准。到2025年,每个市 |

续表

| 序号 | 省市、自治区 | 相关政策 | 相关条款 |
| --- | --- | --- | --- |
| 28 | 甘肃省 | 甘肃省人民政府贯彻国务院关于加快发展体育产业促进体育消费若干意见的实施意见（甘政发[2015]14号） | 州建成田径场和体育馆、健身馆、游泳馆或滑冰馆等体育场馆设施为主的1场3馆，每个县市区建成多功能体育场、健身广场或体育公园、综合健身馆、小型体育馆等2场2馆，每个乡镇、街道建成不少于4个体育项目的综合健身场馆，村级农民健身工程实现全覆盖，为人民群众提供更加多样、更加便利的体育健身场所和设施。省体育局要加快推进甘肃省体育馆、临洮体育训练基地、七里河体育场改建等重点体育项目建设。<br>各地、各有关部门要将体育设施用地纳入城乡规划、土地利用总体规划和年度用地计划，合理安排用地需求。新建居住区和社区要按相关标准配套群众健身相关设施，按室内人均建筑面积不低于0.1平方米或室外人均用地不低于0.3平方米执行，并与住宅区主体工程同步设计、同步施工、同步投入使用。凡老城区与已建成居住区无群众健身设施的，或现有设施没有达到规划建设指标要求的，要通过改造等多种方式予以完善。充分利用郊野、山地、沙漠、草原、城市公园、公共绿地及城市空置场所等建设群众体育设施。鼓励基层社区文化体育设施共建共享 |
|  |  | 甘肃省人民政府关于印发甘肃省全民健身实施计划（2016—2020年）的通知（甘政发[2016]82号） | 市州、县市区体育场、体育馆或全民健身活动中心、乡镇（街道）和行政村（社区）公共体育设施实现全覆盖，人均体育场地面积达到1.8平方米。全民健身的教育、经济和社会等功能充分发挥，与各项社会事业互促发展的局面基本形成，体育消费总规模达到80亿元，全民健身成为我省经济转型发展、促进体育产业发展、拉动内需和形成新的经济增长点的动力源。<br>按照配置均衡、规模适当、方便实用、安全合理的原则，科学规划和统筹建设全民健身场地设施，制定《甘肃省全民健身场地设施建设标准》，着力构建县市区、乡镇（街道）、行政村（社区）三级群众身边的全民健身设施网络，改善各类公共体育设施的无障碍条件。<br>有效扩大增量资源。全面推进甘肃丝绸之路体育健身长廊“四个一”提升工程，即：每个市州建成体育场、体育馆、游泳馆或滑冰馆、全民健身活动中心等1场2馆1中心，每个县市区建成体育场、健身广场、体育馆、全民健身活动中心等2场1馆1中心，每个乡镇（街道）建成不少于开展4个体育运动项目的综合健身场馆。全省每年新建乡镇农民体育健身工程、乡镇和社区体育健身中心200个，行政村农民体育健身工程2 000个。<br>推进城市社区“10～15分钟健身圈”建设，重点加强健身长廊、健身广场、健身步道、健身路径、体育公园、社区多功能运动场建设。全省每年新建健身路径1 000套、社区多功能运动场100个。新建居住区和社区要严格落实按“室内人均建筑面积不低于0.1平方米或室外人均用地不低于0.3平方米”的标准配建 |

续表

| 序号 | 省市、自治区 | 相关政策 | 相关条款 |
|---|---|---|---|
| 28 | 甘肃省 | 甘肃省人民政府关于印发甘肃省全民健身实施计划（2016—2020年）的通知（甘政发[2016]82号） | 全民健身设施，建立由体育部门全程参与的监督和验收机制，确保全民健身设施与住宅区主体工程同步设计、同步施工、同步验收、同步投入使用，任何单位和个人不得挪用或侵占。老城区与已建成居住区无全民健身场地设施或现有场地设施未达到规划建设指标要求的，要因地制宜配建全民健身场地设施。<br>鼓励各地充分利用废旧厂房、空置楼宇和“四荒”（荒山、荒沟、荒丘、荒滩）等闲置资源，改造和规划建设多功能全民健身场地设施。加大对城市居住区和办公区绿地、公园、广场等公共空间的开发利用，因地制宜增建全民健身设施。鼓励各地在人口密集区推广多功能、季节性、可移动、可拆卸、绿色环保的健身设施。<br>加强老年人、残疾人、社区矫正人员等特殊人群的全民健身服务供给。统筹规划建设公益性、适合老年人身体状态的体育健身设施，加强行政村（社区）养老服务设施与行政村（社区）体育设施的功能衔接，提高使用率 |
| 29 | 青海省 | 青海省人民政府关于加快发展体育产业促进体育消费的实施意见（青政[2015]50号） | 统筹规划公共体育设施建设，以基层为重点，加强基本公共体育服务标准化、均等化，合理布点布局，重点建设便民利民的非标准足球场地、中小型体育场馆、全民健身活动中心、户外多功能球场、自行车专道、健身步道等场地设施，逐步建立覆盖全省、功能齐全的全民健身设施网络。盘活存量资源，改造旧厂房、仓库、老旧商业设施等用于体育健身，鼓励社会力量建设小型化、多样化的体育活动场馆和健身设施。<br>对符合单独选址条件的重大体育产业项目，用地计划由省统筹优先安排。各级政府要将体育设施用地纳入城乡规划、土地利用总体规划和年度用地计划，合理安排用地需求。新建居住区和社区要按相关标准规范配套群众健身相关设施，按室内人均建筑面积不低于0.1平方米或室外人均用地不低于0.3平方米执行，并与住宅区主体工程同步设计、同步施工、同步投入使用。凡老城区与已建成居住区无群众健身设施的，或现有设施没有达到规划建设指标要求的，要通过改造等多种方式予以完善 |
|  |  | 青海省人民政府关于印发青海省全民健身实施计划（2016—2020年）的通知（青政[2016]94号） | 市（州）全民健身场馆、县（市、区）级全民健身活动中心、乡镇全民健身广场、行政村全民健身站、社区全民健身点、寺院健身路径覆盖率达到100%，学校体育场地设施与器材配置达标率达到100%，全省人均体育场地面积达1.8平方米以上。<br>健身设施布局便民化。统筹规划、优化布局，重点建设、梯次推进，加快全民健身示范中心、示范园区、示范基地、示范场馆和体育特色小镇、体育公园建设，优化全民健身发展区域，形成全民健身示范区、示范点、集聚区、功能区和健身休闲产业带。提 |

续表

| 序号 | 省市、自治区 | 相关政策 | 相关条款 |
|---|---|---|---|
| 29 | 青海省 | 青海省人民政府关于印发青海省全民健身实施计划（2016—2020年）的通知（青政[2016]94号） | 高各类体育设施的开放率和利用率。重点建设便民利民的非标准足球场地、中小型体育场馆、户外多功能球场、自行车道、健身步道等场地设施，着力构建市（州）体育活动场馆、县（市、区）级全民健身活动中心、乡镇全民健身广场、行政村全民健身站和社区全民健身点（含寺院健身路径）四级全民健身设施网络，新建居住区和社区全民健身设施实现全覆盖。引导社会力量参与健身休闲设施规划、建设、运营，盘活现有体育场馆资源，打造健身休闲综合服务体 |
| 30 | 宁夏回族自治区 | 宁夏回族自治区人民政府关于加快发展体育产业促进体育消费的实施意见（宁政发[2015]58号） | 在全区空间发展规划基础上，结合城镇化发展统筹规划体育设施建设，合理布点布局，重点建设一批便民利民的中小型体育场馆、全民健身活动中心、户外多功能球场等设施。改造旧厂房、仓库、老旧商业设施等用于体育健身。鼓励社会力量建设小型化、多样化活动场馆和健身设施，政府以购买服务等方式予以支持。建设城市社区“15分钟健身圈”，新建居住区和社区按照《城市社区体育建设用地指标》配套建设体育设施，室内人均建筑面积不低于0.1平方米或室外人均用地不低于0.3平方米，覆盖率达到100%，并与住宅区主体工程同步设计、同步施工、同步投入使用 |
| | | 宁夏回族自治区人民政府办公厅关于印发宁夏回族自治区全民健身实施计划（2016年—2020年）的通知（宁政办发[2016]190号） | 全区人均体育场地面积达到2.2平方米以上。进一步扩大公共体育设施免费低收费开放数量，公共体育场馆全部向社会开放。全区县级以上城区普遍建成“10分钟健身圈”，乡镇（街道）健身工程全覆盖，村级（社区）健身工程在全覆盖的基础上实现提档升级，形成布局合理、互为补充、覆盖面广、普惠性强的全民健身设施网络。<br>深入挖掘宁夏特色文化，传承少数民族体育非物质文化遗产，在建设体育文化长廊、体育文化公园、体育文化广场、健康促进服务中心时，以歌舞、文化导识、景观雕塑等百姓喜闻乐见的形式进行立体呈现，营造浓厚的全民健身文化氛围。<br>按照《宁夏基本公共体育服务体系建设标准》，坚持配置均衡、规模适当、方便实用、安全合理的原则，做好全民健身场地设施建设规划。实施“46343”工程，重点建设10个体育健身公园，60个社区多功能运动场，100千米全民健身步道，新建改建一批便民利民的中小型体育场馆、县级体育场馆、全民健身活动中心、社区多功能运动场等类型的场地设施，建成宁夏体育运动学校、体育运动训练管理中心和青少年足球训练基地，着力构建县（市、区）、乡镇（街道）、行政村（社区）三级群众身边的全民健身设施网络。 |

续表

| 序号 | 省市、自治区 | 相关政策 | 相关条款 |
|---|---|---|---|
| 30 | 宁夏回族自治区 | 宁夏回族自治区人民政府办公厅关于印发宁夏回族自治区全民健身实施计划(2016年—2020年)的通知(宁政办发[2016]190号) | 积极鼓励社会资本参与新建体育场馆建设与运营,支持社会力量建设小型、多样的运动场地设施并参与管理运营。实施体育场馆免费、低收费开放的补助政策,执行体育场馆税收优惠政策,积极推动各级各类公共体育设施免费或低收费开放,提高公共体育场馆利用率。<br>"46343"工程:基本公共体育设施县级、街道、乡镇、社区和行政村分别达到以下标准:<br>"4":县级达到"4个1"(1个体育场、1个体育馆、1个全民健身活动中心或游泳馆、1个体育公园或健身广场)。<br>"6":街道达到"3场2室1广场"(3场:篮球场、门球场和小型足球场或羽毛球场;2室:乒乓球室和棋牌室;1广场:社区多功能公共运动场)。<br>"3":乡镇达到"2室1工程"(2室:乒乓球室和棋牌室;1工程:乡镇农民健身工程)。<br>"4":社区达到"2场1室1广场"(2场:室外乒乓球场和小型足球场或羽毛球场;1室:棋牌室或健身活动室;1广场:社区文体活动广场)。<br>"3":行政村达到"1场1室1工程"(1场:室外篮球场;1室:健身活动室;1工程:村级农民健身工程) |
| 31 | 新疆维吾尔自治区 | 新疆维吾尔自治区人民政府关于加快发展体育产业促进体育消费的实施意见(新政发[2015]87号) | 各地要结合城镇化发展,统筹规划,合理布局,新建一批便民利民的中小型体育场馆、全民健身活动中心、户外多功能球场、体育公园、健身步道等场地设施。要盘活存量资产,改造旧厂房、仓库、老旧商业设施等用于体育健身。鼓励社会力量建设小型化、多样化的体育活动场馆和健身设施。到2025年,在原有体育场馆设施建设基础上,每个地(州、市)、县(市、区)都要建立综合性全民健身活动中心,每个乡镇建设不少于4个体育项目的健身场馆,每个社区和行政村至少有一套体育设施器材;在城镇建设"10～15分钟健身圈",在县级以上城市建设"20～30分钟健身圈"。<br>在城乡新建、改建过程中,要将体育用地纳入建设规划之中,严格保障落实城乡规划中确定的体育设施用地,不得随意变更用地性质。新建居住区和社区要按相关标准配套群众健身相关设施,按室内人均建筑面积不低于0.1平方米或室外人均用地不低于0.3平方米执行,并与住宅区主体工程同设计、同施工、同使用。在老城区和已建成居住区中,支持企业、单位利用原划拨方式取得的存量房产和建设用地兴办体育设施,对符合划拨用地目录的非营利性体育设施用地可继续以划拨方式使用土地 |

续表

| 序号 | 省市、自治区 | 相关政策 | 相关条款 |
|---|---|---|---|
| 31 | 新疆维吾尔自治区 | 关于印发自治区全民健身实施计划（2016—2020年）的通知（新政发[2017]14号） | 发展目标。到2020年，群众体育健身意识普遍增强，参加体育锻炼的人数明显增加，每周参加1次及以上体育锻炼的人数达到1 500万人，经常参加体育锻炼的人数达到800万人，群众身体素质稳步增强。全民健身"五大功能"得到充分发挥，与各项社会事业互促发展的局面基本形成，全民健身成为促进体育产业发展、拉动内需和形成新的经济增长点的动力源。与全面建成小康社会和健康新疆相适应的、具有民族特点和地域特征的全民健身基本公共服务体系日趋完善，政府主导、部门协同、全社会共同参与的全民健身事业发展格局更加明晰。<br>筹建设全民健身场地设施，方便群众就近就便健身。按照配置均衡、规模适当、方便实用、安全合理的原则，结合各类文化场所设施建设，科学规划和统筹建设全民健身场地设施。推动公共体育设施建设，着力构建县（市、区）、乡镇（街道）、行政村（社区）三级群众身边的全民健身设施网络和城市社区"15分钟健身圈"，人均体育场地面积达到2平方米，改善各类公共体育设施的无障碍条件。编制各级全民健身场地设施建设规划，重点建设一批便民利民的中小型体育场馆，着力推进全民健身活动中心、县级体育场、笼式足球场、社区多功能运动场的建设；继续实施乡镇农民体育健身工程和行政村农牧民体育健身工程，力争县级全民健身活动中心全覆盖，乡镇农民体育健身工程达到60%。各县（市、区）实施"111"标准，即有1个体育馆（全民健身活动中心）、1个体育（足球）场和1批户外休闲体育健身设施（全民健身路径、步道、体育公园等）；乡镇农民体育健身工程实施"1141"标准，即有1个篮（排）球场、1个笼式足球场、4个乒乓球台和1套全民健身路径；行政村和社区建有便捷、实用的体育设施。进一步盘活存量资源，做好已建全民健身场地设施的使用、管理和提档升级，鼓励社会力量参与现有场地设施的管理运营。充分利用旧厂房、仓库、老旧商业设施、农村"四荒"（荒山、荒沟、荒丘、荒滩）和空闲地等闲置资源，改造建设为全民健身场地设施，合理做好城乡空间的二次利用，推广多功能、季节性、可移动、可拆卸、绿色环保的健身设施。利用社会资金，结合主体功能区、风景名胜区、公园、旅游景区和新农村的规划与建设，合理利用景区服务区、郊野公园、城市公园、公共绿地、广场及城市空置场所建设休闲健身场地设施。鼓励场地设施公建民营的建设运营方式，鼓励社会资本参与体育场馆建设与运营，支持社会力量建设小型、多样的运动场地设施。<br>推进老年宜居环境建设，统筹规划建设公益性老年健身体育设施，加强社区养老服务设施与社区体育设施的功能衔接，提高使用率，支持社区利用公共服务设施和社会场所组织开展适合老年人的体育健身活动，为老年人健身提供科学指导。进一步加大对国家全民健身助残工程的支持力度，研究制定优惠政策，推广残疾人康复体育和健身体育项目，推动残疾人体育进社区、进家庭 |

## 附录五

# 现行有效的主要体育国家标准和行业标准清单

## 一、主要体育设施标准

GB/T 14833—2011　合成材料跑道面层

GB/T 19995.1—2005　天然材料体育场地使用要求及检验方法　第1部分:足球场地天然草面层

GB/T 19995.2—2005　天然材料体育场地使用要求及检验方法　第2部分:综合体育场馆木地板场地

GB/T 19995.3—2006　天然材料体育场地使用要求及检验方法　第3部分:运动冰场

GB/T 20033.2—2005　人工材料体育场地使用要求及检验方法　第2部分:网球场地

GB/T 20033.3—2006　人工材料体育场地使用要求及检验方法　第3部分:足球场地人造草面层

GB/T 22185—2008　体育场馆公共安全通用要求

GB/T 22517.2—2008　体育场地使用要求及检验方法　第2部分:游泳场地

GB/T 22517.3—2008　体育场地使用要求及检验方法　第3部分:棒球、垒球场地

GB/T 22517.4—2017　体育场所使用要求及检验方法　第4部分:合成面层篮球场地

GB/T 22517.6—2011　体育场地使用要求及检验方法　第6部分:田径场地

GB/T 22517.7—2018　体育场地使用要求及检验方法　第7部分:网球场地

GB/T 22517.10—2014　体育场地使用要求及检验方法　第10部分:壁球场地

GB/T 22517.11—2014　体育场地使用要求及检验方法　第11部分:曲棍球场地

GB/T 28047—2011　厅堂、体育场馆扩声系统听音评价方法

GB/T 28048—2011　厅堂、体育场馆扩声系统验收规范

GB/T 28049—2011　厅堂、体育场馆扩声系统设计规范

GB/T 28935—2012　拆装式游泳池

GB/T 28939—2012　游泳池拆装式垫层

GB/T 29458—2012　体育场馆 LED 显示屏使用要求及检验方法

GB/T 34280—2017　全民健身活动中心管理服务要求

GB/T 34281—2017　全民健身活动中心分类配置要求

GB/T 34419—2017 城市社区多功能公共运动场配置要求

CJ 244—2016 游泳池水质标准

CJJ 122—2017 游泳池给水排水工程技术规程

JG/T 191—2006 城市社区体育设施技术要求

JGJ 31—2003 体育建筑设计规范

JGJ/T 131—2012 体育场馆声学设计及测量规程

JGJ 153—2016 体育场馆照明设计及检测标准

JGJ/T 179—2009 体育建筑智能化系统工程技术规程

TY/T 1002.1—2005 体育照明使用要求及检验方法 第1部分:室外足球场和综合体育场

TY/T 1002.2—2009 体育照明使用要求及检验方法 第2部分:综合体育馆

TY/T 4001.1—2018 汽车自驾运动营地建设要求与开放条件

TY/T 4001.2—2018 汽车自驾运动营地服务管理要求

TY/T 4001.3—2018 汽车自驾运动营地星级划分与评定

## 二、主要体育场所服务标准

GB/T 18266.1—2000 体育场所等级的划分 第1部分:保龄球馆星级的划分及评定

GB/T 18266.2—2002 体育场所等级的划分 第2部分:健身房星级的划分及评定

GB/T 18266.3—2017 体育场所等级的划分 第3部分:游泳场馆星级划分及评定

GB 19079.1—2013 体育场所开放条件与技术要求 第1部分:游泳场所

GB 19079.2—2005 体育场所开放条件与技术要求 第2部分:卡丁车场所

GB 19079.3—2005 体育场所开放条件与技术要求 第3部分:蹦极场所

GB 19079.4—2014 体育场所开放条件与技术要求 第4部分:攀岩场所

GB 19079.5—2005 体育场所开放条件与技术要求 第5部分:轮滑场所

GB 19079.6—2013 体育场所开放条件与技术要求 第6部分:滑雪场所

GB 19079.7—2013 体育场所开放条件与技术要求 第7部分:花样滑冰场所

GB 19079.8—2013 体育场所开放条件与技术要求 第8部分:射击场所

GB 19079.9—2013 体育场所开放条件与技术要求 第9部分:射箭场所

GB 19079.10—2013 体育场所开放条件与技术要求 第10部分:潜水场所

GB 19079.11—2005 体育场所开放条件与技术要求 第11部分:漂流场所

GB 19079.12—2013 体育场所开放条件与技术要求 第12部分:伞翼滑翔场所

GB 19079.13—2013 体育场所开放条件与技术要求 第13部分:气球与飞艇场所

GB 19079.19—2010 体育场所开放条件与技术要求 第19部分:拓展场所

GB 19079.20—2013 体育场所开放条件与技术要求 第20部分:冰球场所

GB 19079.21—2013 体育场所开放条件与技术要求 第21部分:拳击场所

GB 19079.22—2013 体育场所开放条件与技术要求 第22部分:跆拳道场所

GB 19079.23—2013　体育场所开放条件与技术要求　第 23 部分:蹦床场所

GB 19079.24—2013　体育场所开放条件与技术要求　第 24 部分:运动飞机场所

GB 19079.25—2013　体育场所开放条件与技术要求　第 25 部分:跳伞场所

GB 19079.26—2013　体育场所开放条件与技术要求　第 26 部分:航空航天模型场所

GB 19079.27—2013　体育场所开放条件与技术要求　第 27 部分:定向、无线电测向场所

GB 19079.28—2013　体育场所开放条件与技术要求　第 28 部分:武术散打场所

GB 19079.29—2013　体育场所开放条件与技术要求　第 29 部分:攀冰场所

GB 19079.30—2013　体育场所开放条件与技术要求　第 30 部分:山地户外场所

GB 19079.31—2013　体育场所开放条件与技术要求　第 31 部分:高山探险场所

GB/T 19079.32—2017　体育场所开放条件与技术要求　第 32 部分:足球运动场所

GB/T 34311—2017　体育场所开放条件与技术要求　总则

## 三、主要体育器材标准

GB/T 8390—2007　单杠

GB/T 8391—2007　双杠

GB/T 8392—2007　高低杠

GB/T 8393—2007　跳跃平台

GB/T 8394—2007　鞍马

GB/T 8395—2007　吊环

GB/T 8397—2007　平衡木

GB/T 11881—2006　羽毛球

GB/T 14625.1—2008　篮球、足球、排球、手球试验方法　第 1 部分:圆度测定方法

GB/T 14625.2—2008　篮球、足球、排球、手球试验方法　第 2 部分:反弹高度测定方法

GB/T 14625.3—2008　篮球、足球、排球、手球试验方法　第 3 部分:动态耐冲击试验方法

GB/T 14625.4—2008　篮球、足球、排球、手球试验方法　第 4 部分:试验条件与试样准备

GB/T 14625.5—2008　篮球、足球、排球、手球试验方法　第 5 部分:圆周长、圆周差的测量

GB 17498.1—2008　固定式健身器材　第 1 部分:通用安全要求和试验方法

GB 17498.2—2008　固定式健身器材　第 2 部分:力量型训练器材　附加的特殊安全要求和试验方法

GB 17498.4—2008　固定式健身器材　第 4 部分:力量型训练长凳　附加的特殊安全要求和试验方法

GB 17498.5—2008　固定式健身器材　第 5 部分:曲柄踏板类训练器材　附加的特殊

安全要求和试验方法

GB 17498.6—2008　固定式健身器材　第 6 部分:跑步机　附加的特殊安全要求和试验方法

GB 17498.7—2008　固定式健身器材　第 7 部分:划船器　附加的特殊安全要求和试验方法

GB 17498.8—2008　固定式健身器材　第 8 部分:踏步机、阶梯机和登山器　附加的特殊安全要求和试验方法

GB 17498.9—2008　固定式健身器材　第 9 部分:椭圆训练机　附加的特殊安全要求和试验方法

GB 17498.10—2008　固定式健身器材　第 10 部分:带有固定轮或无飞轮的健身车　附加的特殊安全要求和试验方法

GB 19272—2011　室外健身器材的安全　通用要求

GB/T 20045—2005　40 mm 乒乓球

GB/T 20394—2013　体育用人造草

GB/T 22751—2008　台球桌

GB/T 23866—2009　体育用品标准编写要求

GB/T 23867—2009　滑雪用具　通用词汇

GB/T 23868—2009　体育用品的分类

GB/T 28238—2011　体育用品售后服务的要求

GB/T 30228—2013　运动场地地面冲击衰减的安全性能要求和试验方法

GB/T 30229—2013　比赛用台安装使用技术要求

GB/T 30230—2013　运动水壶的安全要求

HG/T 2290—2009　橡胶篮球、排球、足球

QB/T 1206—1991　篮球架

QB/T 1845.1—1993　门球器材　球

QB/T 2166—1995　铁饼

QB/T 2700—2005　乒乓球台

QB/T 2701—2005　乒乓球网架

QB/T 2758.1—2005　羽毛球网

QB/T 2758.2—2005　羽毛球网柱

QB/T 2769—2006　网球拍

QB/T 2770—2006　羽毛球拍

QB/T 4290—2012　排球柱和网

# 全国体育标准化技术委员会
# 设施设备分技术委员会

全国体育标准化技术委员会设施设备分技术委员会(SAC/TC 456/SC 1)成立于2008年10月,是由国家标准化管理委员会、国家体育总局共同批准成立的专业标准化技术组织,主要负责体育设施设备领域(不含运动器材制造)标准化工作,并协助全国体育标准化技术委员会承担国际标准化组织相应技术委员会的国内对口工作,以及结合我国体育设施设备实际情况,认真研究国际标准和国外先进标准,加速体育设施设备标准的制修订工作,不断完善体育设施设备标准化体系,推动我国体育设施设备标准化工作持续发展,为推动体育事业和体育产业发展,建设体育强国提供标准技术支撑。

# 北京华安联合认证检测中心有限公司简介

北京华安联合认证检测中心有限公司是经国家体育总局、国家认证认可监督管理委员会批准成立的体育专业技术服务机构,承担国家体育总局体育设施建设和标准办公室、全国体育标准化技术委员会设施设备分技术委员会具体工作职能。主要从事体育设施设备政府标准(国家标准、行业标准、地方标准)和市场标准(团体标准、企业标准)制修订、体育服务认证、体育产品认证和第三方体育设施场地检测验收工作。

北京华安联合认证检测中心有限公司长期多次协助国家体育总局相关司局处室、部分运动项目管理中心、体育行业协会,完成各项公共服务、标准制定、政策研究、专题培训等技术服务工作,并根据企业关注方向,把握体育产业热点,以专业的教师资源提供高效优质的培训服务。

地址:北京市丰台区南三环中路15号院8号楼(100075)

电话:010-67687894　　　　传真:010-67687894

网址:www.hauc.cn

www.sport.gov.cn(国家体育总局-办事服务-体育服务认证)

微信:体育标准资讯与服务

## 公司简介

COMPANY PROFILE

深圳市好家庭实业有限公司（以下简称“好家庭集团”），成立于1994年，是中国领先的运动与健康整体解决方案提供者。好家庭集团业务由公共体育、健身科技、TopSupport国际运动表现与康复中心组成。涵盖了公共体育设施设备，体育工程与体育地产，体育公园规划设计与施工，室外智能健身房与智能健身场馆建设，商业健身会所规划设计与设备提供，全民健身综合体规划设计与建设，智能健身房整体解决方案，竞技体育、体能训练康复解决方案与服务，室内外健身设备器材等领域。

公共体育

健身科技

体能训练

好家庭集团作为全国大型的公共体育和竞技体育整体服务解决方案服务商，是国家高新技术企业，拥有多项自主知识产权、100多项专利，在全国40多个城市设有分公司。2018年，好家庭集团品牌价值已达87亿元。

经过多年深耕细作，好家庭集团先后获得了中国驰名商标、中国名牌、国家体育产业示范单位、中国健身器材行业标志性品牌、中国设计红星奖、中国健身器材制造行业产品研发创新奖、广东省群众体育工作先进单位、中国奥委会标志使用特许企业、深圳市老字号等荣誉称号，对我国体育产业的发展建设做出了突出贡献。

• 国际运动表现与康复中心

• 单位企业健身房

• 轨道棋

• 笼式球场

• 户外路径

• 室外智慧健身房

好家庭网上商城

好家庭集团微信

深圳市好家庭实业有限公司
SHENZHEN GOODFAMILY ENTERPRISE CO.,LTD

深圳市人民南路国贸大厦37层
0755-82213888 / 82213999

www.goodfamily.com
4000 844 888

# 万德智慧社区健身解决方案

## 构筑 15 分钟健身圈，社区版“迷你”体育公园

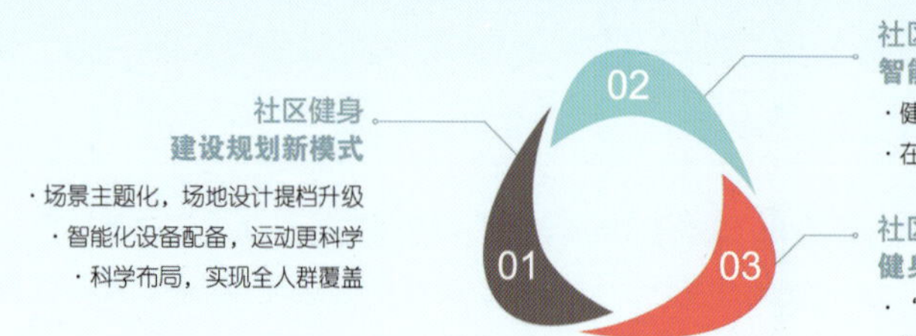


**社区健身**
**智能设备新服务**

- 健康检测
- 在基础设备中增加传感器，实时监测用户锻炼数据

**社区健身**
**健身服务新平台**

- “互联网+”健身服务模式，社区云平台，交流互鉴，资源共享
- 健身数据库，运动评估加强
- 科学的健身指导

万德智慧社区健身解决方案通过布置健康检测中心、智能步道、趣味障碍跑、儿童游乐区、老年人健身区、康复训练区、敏捷运动器材、二代智能健身器材等各项基础功能区或设备，满足全人群健身需求，因地制宜地打造成一个社区全人群迷你型体育公园。通过社区智能化设备，对用户健身运动进行记录与分析，用户可通过 APP、微信公众号等实时查看运动消耗，采纳科学运动建议，提高运动健身效果。

## 功能区规划

按照人体机能原理和运动规律，以及不同的年龄层次的运动需求特征，对体育公园的运动场景建设进行功能设计和配置，细分为六大核心功能区。

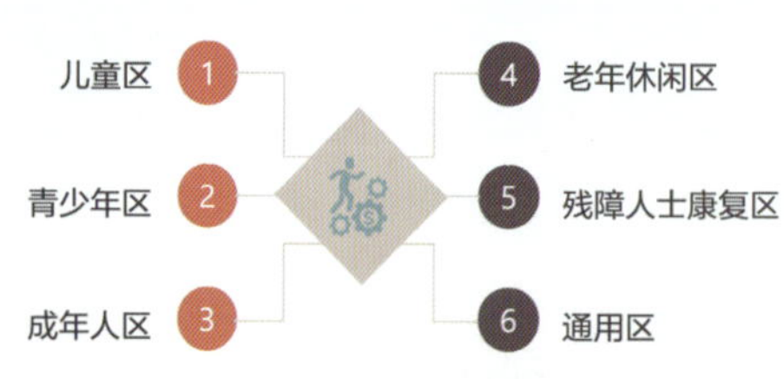

全人群智慧体育公园的全球首创者
全民健身智慧路径的创新领跑者

**400-666-7333**